Thomas Förster

SCHIFFSWRACKS

Auf Spurensuche vor Rügen und Hiddensee

HINSTORFF

Für Nele, Adrian und Antonia

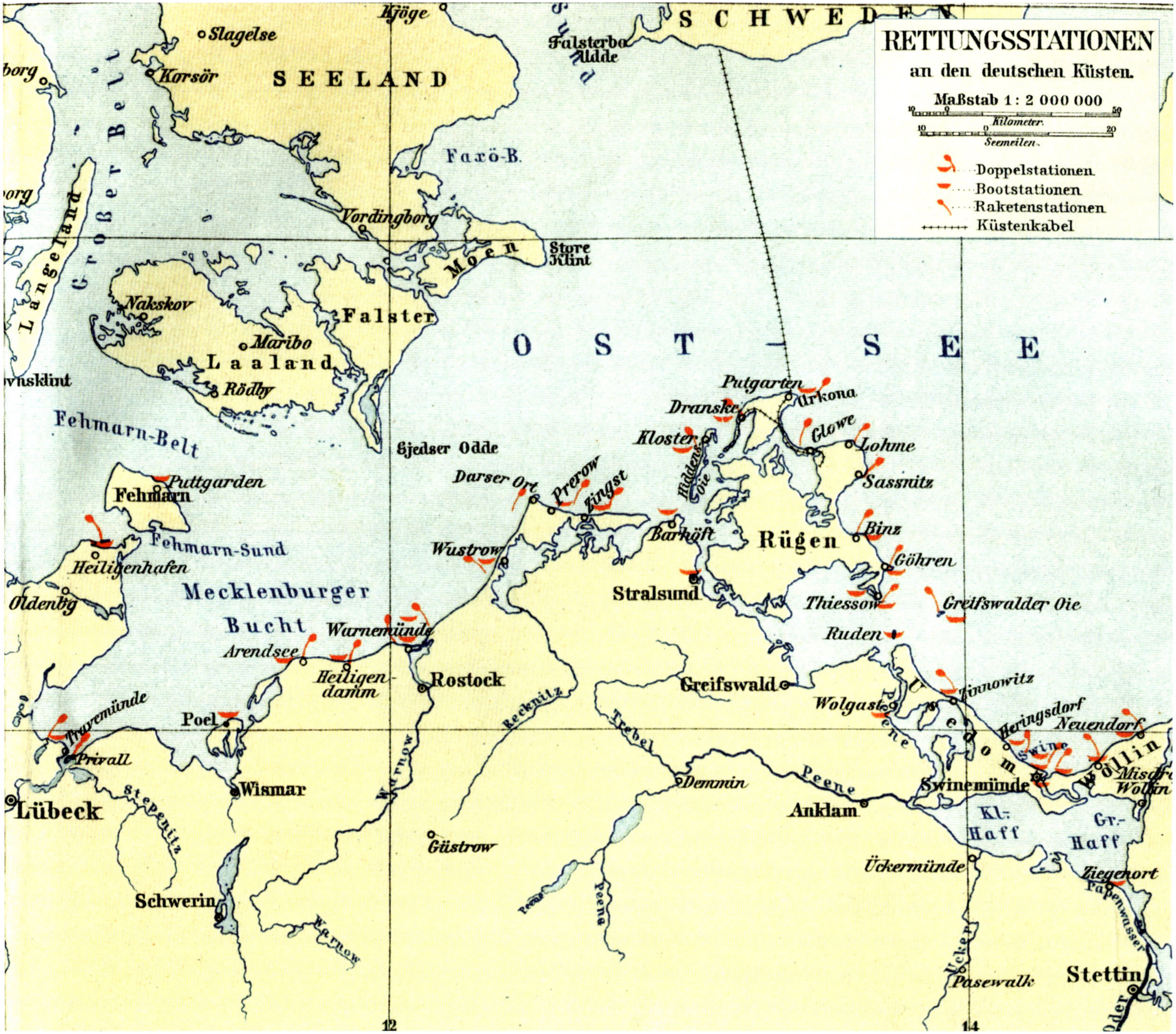
RETTUNGSSTATIONEN
an den deutschen Küsten.
Maßstab 1 : 2 000 000
Kilometer.
Seemeilen.
Doppelstationen.
Bootstationen.
Raketenstationen.
Küstenkabel
SCHWEDEN
Falsterbo Udde
Kjöge
Slagelse
Korsör
SEELAND
Großer Belt
Faxö-B.
Vordingborg
Moen
Store Klint
Langeland
Nakskov
Maribo
Falster
Laaland
Rödby
OST - SEE
Fehmarn-Belt
Gjedser Odde
Fehmarn
Puttgarden
Fehmarn-Sund
Heiligenhafen
Oldenbg
Mecklenburger
Bucht
Darser Ort
Prerow
Zingst
Wustrow
Arendsee
Warnemünde
Heiligen-
damm
Rostock
Poel
Travemünde
Priwall
Wismar
Lübeck
Schwerin
Güstrow
Warnow
Recknitz
Trebel
Demmin
Peene
Putgarten
Arkona
Dranske
Glowe
Kloster
Hiddens Oie
Lohme
Sassnitz
Barhöft
Rügen
Binz
Göhren
Stralsund
Thiessow
Greifswalder Oie
Ruden
Greifswald
Zinnowitz
Wolgast
Usedom
Heringsdorf
Neuendorf
Swine
Wollin
Swinemünde
Misdroy
Wollin
Anklam
Kl. Haff
Gr. Haff
Ückermünde
Ziegenort
Papenwasser
Ucker
Pasewalk
Stettin
Oder
12
14

7 Vorwort
9 Gestrandet, versunken, verschollen – Schiffbruch vor Rügen und Hiddensee
15 Vorstoß in die Tiefe – Von der Taucherglocke bis zur modernen Unterwasserarchäologie
21 Spurensuche in den Archiven und am Meeresgrund
29 Kogge, Holk und Schnigge – Auf der Suche nach den Schiffen der Hanse
37 Zerbrechliches Gut – Wohlbewahrt im Meeresgrund
37 Die Entdeckung im Nationalpark
39 Mineralwasser und englische Keramik – Ein Fund in großer Tiefe
45 Gescheitert zwischen Dornbusch und Gellen – Seeunfälle vor Hiddensee
47 Das Gellenwrack – Ein Schiffsfund narrt die Wissenschaft
53 Das Ende der Emdener Schmack REGENT DOOR ZEE
55 Strandung und Rettung vor Hiddensee
65 Mit Segel und Dampf über die Ostsee – Der Schraubendampfer GROSSFÜRST CONSTANTIN
77 Strandung und Untergang vor Glowe – Der Schoner AUGUSTE von 1894
87 Der »Schwan der Ostsee« – Das tragische Ende des Postdampfers REX vor Lohme
95 Unterwegs mit schwerer Fracht – Die Gefahren der Küstenschifffahrt
97 Die Gefahren der Kreideschifffahrt
100 Holz – Ein wichtiges Handelsgut der Ostseeschifffahrt
103 Von Haffkähnen, Kuffen, Schonern und dem risikanten Ziegelsteintransport
115 Altpapier wird zum Verhängnis – Die letzte Fahrt der AMAZONE
127 Schiffshavarien in der modernen Seefahrt – Von der JAN HEWELIUSZ bis zur SOPHIE SCHOLL
127 Strandung vor Dwasieden
130 Gesunken im Orkan »Verena« – Das Ende der JAN HEWELIUSZ
132 Von der FRIEDRICH ENGELS bis zur SOPHIE SCHOLL – Untergänge von Fischkuttern

Strandung der norwegischen Bark SKJOLD vor Stubbenkammer auf Rügen, 12. Dezember 1901.

Vorwort

Wenn man auf der Insel Rügen geboren wird und hier als wassersportbegeisterter Junge aufwächst, bleibt es nicht aus, dass man beim Schnorcheln auf die Überreste von Schiffen stößt, die vor der Küste scheiterten. Wie riesige Skelette liegen die Spanten und Planken der Wracks am Meeresgrund. Auf mich übten sie von Anfang an eine riesige Faszination aus, die mich nicht mehr loslassen sollte. Gefördert durch meinen Vater Horst Förster, der eine Tauchereinheit der Marine kommandierte, beschäftigte mich neben der Begeisterung für das Tauchen auch zunehmend die Frage nach dem Schicksal der Schiffe, die in den letzten Jahrhunderten vor den Küsten von Rügen und Hiddensee versanken. Das war für mich der Einstieg in die Geschichte der Ostseeregion. Auf dieser Zeitreise konnte ich an dem harten Leben der Seeleute und Fischer teilhaben, deren Schicksal untrennbar mit ihren Schiffen und Booten verbunden war.

Stürme, Eiswinter und andere Gefahren auf See sowie das häufig damit verbundene Versagen von Mensch und Technik führten dazu, dass Schiffe in Seenot gerieten. Im Kampf um den Erhalt von Schiff und Ladung riskierten die Seeleute ihr Leben und verloren dies oft genug. In ausweglosen Situationen erhielten die Schiffbrüchigen häufig selbstlose Hilfe von den Küstenbewohnern, die als Fischer und Matrosen die Widrigkeiten auf See gut kannten. Mit der Deutschen Gesellschaft zur Rettung Schiffbrüchiger, die 1865 gegründet wurde, entstand eine Organisation, die seit über 150 Jahren ein dichtes Netz an Rettungsstationen und Seenotfahrzeugen an der deutschen Küste unterhält.

Schnell wurde mir klar, dass sich die Schicksale rund um die versunkenen oder gestrandeten Schiffe nur mit den Methoden der Unterwasserarchäologie und der Geschichtsforschung ergründen lassen. Erste fachliche Unterstützung gaben Hans Lenck und Andreas Grüger vom Kulturhistorischen Museum Stralsund sowie Renate Schaarschuh vom Stadtarchiv Stralsund. Ein Studium am Institut für Museologie in Leipzig und die Promotion an der Ernst-Moritz-Arndt-Universität Greifswald boten mir die Möglichkeit, meine Forschungen zu intensivieren. Durch langjährige Arbeit als Dezernent für Unterwasserarchäologie am heutigen Landesamt für Kultur und Denkmalpflege in Schwerin und derzeit am Deutschen Meeresmuseum Stralsund war ich in der Lage, meine Untersuchungen zu vertiefen und fortzuführen.

Unterwasserarchäologie ist Teamarbeit, und so wurden die in diesem Buch vorgestellten Ergebnisse erst durch die Unterstützung zahlreicher Freunde und Kollegen ermöglicht. An erster Stelle möchte ich meiner Frau Dorit danken, die mit viel Verständnis und Geduld zahlreiche Tauchexpeditionen und die Arbeit an diesem Buch unterstützte. Ihr Vater, Prof. Klaus Liebers, unterzog die Texte einer ersten kritischen Begutachtung. Stellvertretend für die Mitglieder des Vereins archaeomare e.V. möchte ich meinen langjährigen Tauchfreunden Jens Pohland und Jenner Koch für ihre Unterstützung danken. Grundlage der erfolgreichen Arbeit auf See und an den Wracks bildete die Mannschaft des Forschungskutters SEEFUCHS um Kapitän Ole Schmidt. Bereits sehr früh erkannte Wolfgang Rudolph die Bedeutung der Unterwasserarchäologie für die

Gewässer um die Insel Rügen. Über viele Jahre hinweg unterstützte er mich und stellte sein umfangreiches Archiv zur Verfügung. Gedankt sei auch den Kollegen vom Bundesamt für Seeschifffahrt und Hydrographie und hier besonders der Besatzung des Vermessungs- und Wracksuchschiffes DENEB für eine jahrzehntelange gute Zusammenarbeit. Wichtige Informationen zum Seegebiet und zu seerechtlichen Fragen gaben Holger Brydda und Hannes Lutter vom Wasser- und Schifffahrtsamt Stralsund. Otto Braasch als Luftbildarchäologe trug mit seinen Beobachtungen zu vielen wichtigen Entdeckungen bei. Einen wesentlichen Anteil bei der Identifizierung der Wrackfunde hatte Karl Uwe Heußner vom Dendrochronologielabor des Deutschen Archäologischen Institutes in Berlin, der die Datierung von Holzproben durchführte. Hilfe erfuhr das Buchprojekt auch durch Gerhard Parchow vom Seefahrerhaus Sellin, durch Jana Leistner vom Heimatmuseum & Archiv Hiddensee, Bernhard Borrmann vom Heimatmuseum Dranske, Konrad Pusch vom Technikmuseum Magdeburg und Andreas Neumerkel vom Stadtarchiv Stralsund. Unterstützend und beratend standen mir Kapitän Horst Amelang als Altermann der Schiffer-Compagnie Stralsund, der »Steinmüller« (Peter Müller) und der »Wrackmüller« (Wolfgang Müller) sowie Heinz Mattkay, Reinhard Öser und die Rügener Taucher Wolfgang Frank, Uwe Lippek und Axel Lienert zur Seite. Informationen zu Fischkuttern lieferten Siegfried Möhrmann und Günter Dame. Einen wichtigen Beitrag bei der Erschließung russischer Quellen leisteten Egbert Lemcke und Holger Neidel. Informationen aus Großbritannien lieferte Angela Middleton. Inge Nordenholz und Theodor Janeczek bereicherten das Buch mit ihren spannenden Berichten zum Untergang der AMAZONE. Im Rahmen von Studienarbeiten untersuchten Sonja Arvidson, Michael Rohr und Christoph Bauch einzelne Schiffe, wofür ihnen an dieser Stelle mein Dank gebührt. Ein Buch lebt vielfach von Bildern und so bin ich sehr froh, dass ich Dokumentationen der Fotografen Roland Obst, Klaus Andrews, Wolf Wichmann und Johannes Schlorke verwenden darf. Danken möchte ich ebenfalls Verena Kulessa vom Kreidemuseum Rügen.

Das VASA-Museum in Stockholm und das Wikingerschiffsmuseum in Roskilde locken jedes Jahr hunderttausende Besucher an und zeugen von der Faszination, die Wracks als Symbol einer Epoche und der übergreifenden Schifffahrt ausüben können. Die vor Rügen und Hiddensee entdeckten und teilweise geborgenen Wracks stellen wichtige Zeugnisse unserer Geschichte dar, deren Schutz, Erforschung und museale Präsentation in Deutschland noch nicht die erforderliche Aufmerksamkeit genießt. Auch wenn die Wracks am Grund der Ostsee nur für Taucher sichtbar sind, so möchte ich auf ihre Bedeutung als Geschichtsdenkmale von europäischer Dimension hinweisen.

Thomas Förster

Gestrandet, versunken, verschollen – Schiffbruch vor Rügen und Hiddensee

»PER PERICULUM VIVO«

»Ich lebe durch die Gefahr«. Diese lateinische Inschrift stand auf einer kunstvoll geschnitzten Holzscheibe, die viele Jahre an einem Schuppen der Fischer von Neuendorf auf der Insel Hiddensee hing. Nach ihren Erzählungen stammte sie von einem Wrack, das im Sturm an der Küste der Insel scheiterte. Der Sinnspruch bezeichnet ein Lebensprinzip, mit dem sich Seeleute und Fischer auseinandersetzen mussten.

Früh erkannte der Mensch das verbindende Element des Meeres und nutzte es für den Austausch von Waren und Informationen. Mit Booten und Schiffen wurden Handelsgüter in weitaus größerer Zahl und meist schneller als an Land transportiert. Der damit einhergehende Prozess des wirtschaftlichen und kulturellen Austausches spielte – auch heute noch, in Zeiten der Globalisierung – eine wichtige Rolle. Neben dem Seehandel versuchte der Mensch auch die Ressourcen der Meere zu nutzen. Fischfang und die Jagd nach Meeressäugern und Seevögeln lieferten Nahrung. Am und im Meer konnten Rohstoffe gewonnen werden, wie der begehrte baltische Bernstein belegt. Die globale Schifffahrt, industrielle Fischerei und Fischzucht sowie die Förderung von Öl, Gas und zahlreichen anderen Rohstoffen haben für die Menschheit – häufig mit negativen Folgen – bis zum heutigen Tag eine große Bedeutung. Die See birgt für die dort arbeitenden Menschen aber auch vielfältige Unwägbarkeiten. Unwetter, gefährliche Untiefen, technische Defekte, menschliches Fehlverhalten, aber auch kriegerische Ereignisse führten seit Anbeginn der Schifffahrt zu ungezählten Schiffsverlusten.

Die Ostsee, und gerade die Gewässer um Rügen und Hiddensee, gelten als wrackreich. Seit über 8000 Jahren leben an diesen Küsten Menschen, die sich anfangs mit einfachen Booten, den Einbäumen, auf die See wagten, wie der Fund dieser steinzeitlichen Zeugnisse in der Nähe des Stralsunder Hansa-Gymnasiums belegt. Entwicklungen im Boots- und Schiffbau ermöglichten immer längere Reisen auf dem Wasser. Zur Zeit der Wikinger und Slawen wurde bereits die angrenzende Nordsee erreicht

➤ *Holzscheibe mit Inschrift, gefunden auf einem Wrack vor Hiddensee.*

Landung des Großen Kurfürsten am 23. September 1678 bei Neukamp auf Rügen. Zeitgenössischer Stich von Jan Luyken.

und es lassen sich Fahrten über den Atlantik und bis an die Küsten des Mittelmeeres und des Schwarzen Meeres nachweisen. Der slawische Seehandelsplatz Ralswiek, mit vier zum Teil hervorragend erhaltenen Bootsfunden des 10. Jahrhunderts, belegt, dass die Insel Rügen in dem damaligen Handelssystem bereits eine wichtige Rolle spielte.

Zu Zeiten der Hanse entstanden ab dem 12. Jahrhundert erste Hafenstädte entlang der Ostseeküste. Große Bedeutung erlangte das 1234 gegründete Stralsund, das in zentraler Lage innerhalb der Ostsee im Schutz von Rügen am fjordähnlichen Strelasund liegt. Der Seehandel gewann in den nachfolgenden Jahrhunderten ein immer größeres Gewicht für diese Stadt und die umliegende Region.

Mit den Entdeckungsreisen der Europäer wurden ab dem 15. Jahrhundert auch über den Ostseeraum zahlreiche Waren von und nach Übersee verschifft. In der Zeit der Industrialisierung nahm, u.a. durch die Erfindung von neuen und leistungsfähigeren Antriebsmaschinen, die Bedeutung der Schifffahrt auch für den Transport von Massengütern und Personen weiter rasant zu. Neben der Küstenschifffahrt wurden auch verschiedene Ostseehäfen Ausgangspunkt für Seereisen über alle Ozeane – eine bis heute anhaltende Entwicklung, die als der Motor der Globalisierung wirkt.

Die Insel Rügen ragt weit in die südliche Ostsee hinein, sodass ein Großteil des Schiffsverkehrs an ihr vorbeiführt. Vor der Zeit der modernen Verkehrsleittechnik auf See kam es gerade hier zu vielen Schiffshavarien, deren Ursachen vielfältig sind. Schiffe strandeten und versanken – vielfach blieben sie verschollen. Die geografische Lage Rügens besaß auch eine besondere strategische Bedeutung. Die Fahrrinnen zwischen der östlichen und westlichen Ostsee ließen sich in dem Seegebiet zwischen Rügen und den Küsten von Moen, Falster und Bornholm gut überwachen. Der Hafen Stralsunds mit der vorgelagerten Insel Rügen bildete zudem eine wichtige Verbindung zwischen Skandinavien und dem europäischen Festland. Über Jahrhunderte tobte hier ein Kampf um die Macht auf der Ostsee.

Viele Seeleute und Fischer, die auf Schiffen Dienst leisteten, stammten von Rügen, Hiddensee oder aus Stralsund. Von hier aus befuhren sie die Ostsee und die Ozeane. An der See aufgewachsen zog es die Jungen aufs Meer. Abenteuerlust und die Hoffnung auf wirtschaftliche Unabhängigkeit bei einer angemessenen Heuer bewog viele, sich auf einem Schiff zu verdingen. Auch bestand die Möglichkeit, sich über die Hierarchien an Bord vom Schiffsjungen bis zum Kapitän qualifizieren zu können. Doch der Dienst war von harter Arbeit bei Wind und Wetter geprägt. Häufig ereigneten sich schwere Havarien, die tödliche Unfälle nach sich zogen und oft mit dem Verlust eines Schiffes endeten. Grabsteine und Eintragungen in den Kirchenbüchern berichten oft über vermisste und verunglückte Seeleute aus den Gemeinden, aber auch über die angespülten Leichen unbekannter Schiffbrüchiger.

Schon Kaiser Friedrich II. verfügte im Jahre 1220, dass Schiffbrüchige am Leben und in Freiheit zu lassen seien und sie Anrecht auf ihr Eigentum haben. Auch die Hanse bemühte sich in verschiedenen Abkommen und gewährten Privilegien um die Erstattung der Güter von havarierten Schiffen. Im Stralsunder Stadtarchiv befindet sich eine Urkunde vom 23. Februar 1415, in der Kaiser Sigismund der gesamten Deutschen Hanse ein Privileg zum Schutz schiffbrüchiger Kaufleute und ihrer Waren erteilte.

Kam es vor der Küste zu einem Untergang, so versuchte man den Schiffbrüchigen mit allen Mitteln selbstlos zu helfen. Häufig waren die technischen Möglichkeiten dafür aber unzureichend und die Retter mussten hilflos zusehen, wie die Besatzungen bei Strandungen in den Wellen umkamen. Oder die Helfer verloren beim Rettungsversuch selbst das Leben. Ab dem ausgehenden 18. Jahr-

^ *Darstellung eines Raketenapparats zur Rettung Schiffbrüchiger aus dem Jahre 1873.*

hundert gab es verschiedene Versuche, mit verschiedenen Schusswaffen Rettungstaue auf Boote zu befördern. Der britische Hauptmann George William Manby brachte ein solches Verfahren zur Anwendungsreife. Er entwickelte einen Mörser, mit dem die Rettungsleine mittels einer Kugel über havarierte Schiffe verschossen werden konnte. Das Gerät setzte man am 18. Februar 1808 erstmalig zur Rettung einer verunglückten Schiffsbesatzung ein. Im Jahre 1855 wurden auf Rügen auch die Rettungsstationen Göhren, Neu Mukran, Glowe und Kloster mit dem Manby-Mörser ausgerüstet.

Mit der Gründung der »Deutschen Gesellschaft zur Rettung Schiffbrüchiger« (DGzRS) am 29. Mai 1865 folgte der weitere Aufbau von Rettungsstationen an den deutschen Küsten, die zielgerichtet mit geeigneten Booten und Leinenwurfgeräten ausgestattet wurden. Zahlreiche Berichte über die selbstlose Hilfe bei in Seenot geratenen Besatzungen sollten die häufig erzählten Geschichten über Strandraub und versetzte Leuchtfeuer in das Reich der Legenden verbannen.

Am 17. Mai 1874 wurde erstmalig für Deutschland eine zentrale Strandungsordnung erlassen. Für die Durchsetzung der Bestimmungen sorgten sogenannte Strandvögte und -reiter, ab 1874 die Strandämter. Jedoch besaßen Schiffshavarien für die Anwohner, die häufig nur karge Erlöse aus der Fischerei und Landwirtschaft bezogen, eine große wirtschaftliche Bedeutung. Zum einen waren in den Bestimmungen zum Strandrecht Bergelöhne vereinbart und zum anderen kam durch den Schiffbruch beschädigtes aber noch verwertbares Gut häufig gleich am Strand zu günstigsten Preisen zur Versteigerung. Viele Schiffe gingen mit ihren Ladungen jedoch unrettbar unter oder wurden durch die Macht der Wellen in Küstennähe zerschlagen.

Deren Reste überdauerten die Zeit, indem sie von Sedimenten überdeckt wurden. Oder sie versanken in größere Tiefen und waren so nicht der zerstörenden Kraft der Wellen ausgesetzt. Vor der Küste von Rügen und Hiddensee konnten in den letzten Jahren annähernd 350 Wracks entdeckt werden. Bislang ausgewertete Unterlagen in den Archiven geben für die letzten 250 Jahre Auskunft über 530 Havarien in diesem Seegebiet. 340 Schiffe wurden als Totalverlust registriert. Allerdings ist davon auszugehen, dass sich – unsichtbar für die moderne Ortungstechnik – weitaus mehr Wracks im Sand und Schlick verborgen am Grund der Ostsee und der angrenzenden Bodden befinden. Auch sind die Archivalien zu Seeunglücken noch nicht komplett erfasst oder, gerade bei älteren Schiffsuntergängen, gar keine Berichte niedergelegt worden. Häufig kamen auf der offenen See alle Besatzungsmitglieder um, sodass niemand mehr Zeugnis ablegen konnte.

Die Schiffswracks, schriftliche Überlieferungen und erhaltene Schiffsdarstellungen stellen in ihrer Gesamtheit einen wichtigen »historischen Schatz« für Archäologen und Historiker dar. Die Überreste von Schiffen und Booten sind wichtige Sachzeug-

Postkarte einer Seerettungsstation an der deutschen Küste.

nisse der Geschichte. Durch die erhaltene Konstruktion und die Ausrüstung geben sie Auskunft zum Leistungsstand der Technik der jeweiligen Zeit. Anhand ihrer Lage und der noch feststellbaren Ladungsgüter lassen sich Informationen zu den Handelsrouten oder zu einem konkreten historischen Ereignis gewinnen. Die persönliche Habe der Besatzung vermittelt Einblicke in das Alltagsleben an Bord. Ein Schiffswrack vermag, wie eine Zeitkapsel, Informationen zum Untergang regelrecht »einzufrieren« und stellt so für die Geschichtswissenschaft einen einmaligen Fundkomplex dar.

Unterwasserarbeit mit einem Helmtauchgerät. Der Taucher wird mittels eines Schlauches von der Oberfläche mit Atemluft versorgt.

Vorstoß in die Tiefe – Von der Taucherglocke bis zur modernen Unterwasserarchäologie

Schiffsunglücke und Wracks sind seit jeher erschreckend und faszinierend zugleich. Zum einen ist es das Bewusstsein, welche Tragödien und welch grausamen Tod Katastrophen auf See nach sich ziehen können. Es ist das Leid von Besatzungen und Passagieren, die nur ihr nacktes Leben retten konnten oder im schlimmsten Fall auf See umkamen. Bei Schiffbruch war und ist der Mensch den Gewalten der See ausgeliefert. Zum anderen verloren die Eigner der Schiffe sowie die Kaufleute mit dem Untergang einen Großteil ihres Besitzes. Angeregt von den zahlreichen Schiffsverlusten in seiner Zeit gibt William Shakespeare in der 1597 erschienenen Tragödie »Richard III.« seine Empfindungen wieder:

»Mir däucht,
ich seh das Graus von tausend Wracken,
säh tausend Menschen angenagt von Fischen;
Goldklumpen, große Anker, Perlenhaufen, Stein ohne Preis,
unschätzbare Juwelen, zerstreut alles auf dem Grund der See ...«

Die materiellen Werte, die mit dem Totalverlust auf den Grund der See gerieten, riefen aber auch schon früh Erfindungsreichtum und Wagemut hervor. Erste gelungene Bergungen in großer Tiefe sind für die Ostsee schon seit dem 17. Jahrhundert überliefert. Am 10. August 1628 versank die VASA, ein Neubau der Königlich Schwedischen Marine, aufgrund eines Konstruktionsfehlers auf ihrer Jungfernfahrt. Mit dem Schiff gingen auch 58 wertvolle Bronzekanonen und sechs Mörser verloren. Zwischen 1663 und 1665 bargen Hans Albrecht von Treileben und Jacob Maule mit einer einfachen Taucherglocke 53 dieser Kanonen aus über 30 Metern Tiefe. Der ursprünglich nach unten offene Tauchapparat verfügte noch über keine Luftversorgung und ermöglichte je nach dem Volumen der Glocke und der Einsatztiefe Tauchzeiten von maximal einer Viertelstunde.

Mit dem ausgehenden 17. Jahrhundert gab es dann erste Versuche, die Taucherglocke über Fässer oder über einen angeschlossenen

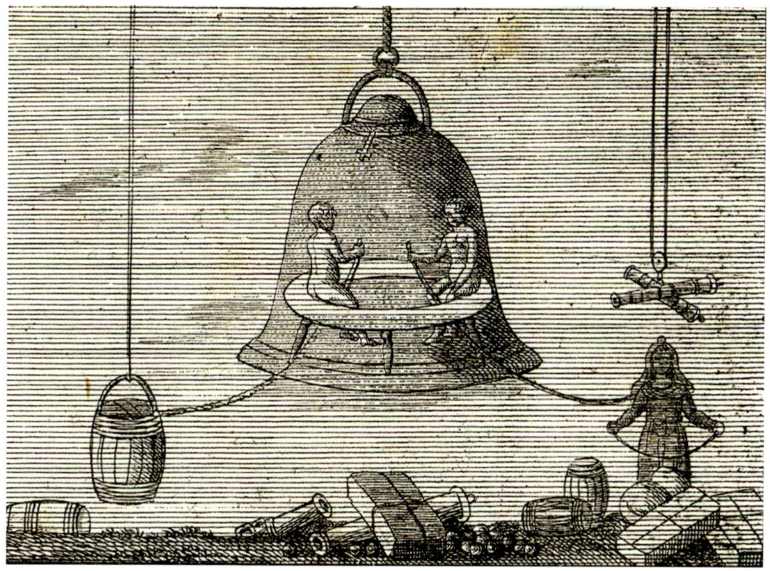

➤ *Taucherglocke um 1830, nach Voltz.*

Schlauch mit Luft zu versorgen. Im Stralsunder Stadtarchiv befindet sich eine Akte »Verordnung über das schwedische Tauchereij- und Bergungswesen von 1672«, die über das Bemühen und entsprechende Regeln zum Bergen von Schiffen berichtet. Eine bahnbrechende Erfindung stellte die vom Barther Kapitän und Reeder Peter Kreeft entwickelte Tauchmaschine dar, die er im Juli 1800 erfolgreich dem schwedischen König in Stralsund vorstellte. Die sogenannte Kreeftsche Tauchmaschine bestand aus einem mit Blei beschwerten ledernen Taucheranzug in den über einen Schlauch Luft zur Versorgung des Tauchers gepumpt wurde. Dieses Prinzip wurde vom Sachsen Auguste Siebe aufgegriffen, der 1819 in London das offene Helmtauchgerät entwickelte. 1838 stellte er dann ein geschlossenes System vor, bei dem der wasserdichte Anzug aus Leder mit dem Kupferhelm verbunden war.

Noch im selben Jahr wurde das Tauchgerät durch die Firma Siebe-Gorman patentiert und erstmalig erfolgreich an dem Wrack des 1782 vor Spithead gesunkenen Kriegsschiffes ROYAL GEORGE eingesetzt. Das Helmtauchgerät, damals auch Skaphander genannt, ermöglicht bis in unsere Tage in einem großen Maßstab die Untersuchung und Bergung von gesunkenen Schiffen.

Mit derartigen Skaphandern fanden auch vor Arkona die ersten wissenschaftlichen Sondierungen statt. Korvettenkapitän Hellmuth von Müller-Berneck suchte von 1933 bis 1938 auf dem Arkonariff nach den Überresten der sagenhaften Jomsburg. Auch wenn sein wissenschaftlicher Erfolg gering war und er natürliche geologische Strukturen fälschlicherweise als Hafenstrukturen interpretierte, so war sein Vorgehen doch fortschrittlich. Er setzte ein Vermessungsschiff der Kriegsmarine zur Erfassung des unterseeischen Profils und Helmtaucher zur Begutachtung von Anomalien ein. Bei seinen Untersuchungen stieß er auch auf Kanonen eines Wracks. Es zeigte sich jedoch, dass die ca. 100 Kilogramm schweren Helmtauchgeräte kaum für die filigrane Arbeit der Archäologie unter Wasser geeignet waren. Nur wenige Wissenschaftler verfügten über die Konstitution, mit derartigen Geräten tauchen zu können und waren auf die Berichte der Berufstaucher angewiesen. Den Durchbruch für das wissenschaftliche Tauchen brachte 1943 die Entwicklung eines autonomen Tauchapparates durch den

Kreeftsche Tauchmaschine im Einsatz an einem Wrack in der Ostsee.

französischen Marineoffizier Jaques-Yves Cousteau und den Ingenieur Émile Gagnan. Das Helmtauchgerät in moderner Ausführung basierte auf einer Druckluftflasche und einem Lungenautomaten. Mit dieser Technik konnte der Druck aus der Tauchflasche den Druckverhältnissen in der jeweiligen Tauchtiefe angepasst werden. So wurde Wissenschaftlern, aber auch einer großen Anzahl von Sporttauchern der Vorstoß in die Tiefe ermöglicht. Unterwasserarchäologen sowie engagierte Hobbyforscher konnten zahlreiche Wracks vor den Küsten aufspüren und das Schicksal der versunkenen Schiffe ergründen.

Erste Forschungen begannen 1966 vor Hiddensee. Auf Initiative von Karl Ebbinghaus, dem damaligen Direktor des Heimatmuseums in Kloster, führte Jörg Andreas von Oertzen Untersuchungen an zwei Wracks im Bereich der Hucke im Nordwesten der Insel durch. Im selben Jahr sondierte die gerade gegründete Arbeitsgruppe für Unterwasserforschung der Akademie der Wissenschaften der DDR im Süden der Insel vor dem Gellen. Unter Leitung von Martin Rauschert wurden dort fünf Schiffswracks entdeckt und dokumentiert. 1967 gelang bei den Grabungen am slawischen Handelsplatz in Ralswiek am Großen Jasmunder Bodden ein weiterer aufsehenerregender Fund. In einem verlandeten Uferbereich entdeckte der Archäologe Peter Herfert zwei Boote aus dem 10. Jahrhundert. Bei der Fortsetzung der Grabung wurden 1968 und 1980 noch die Überreste von zwei weiteren Fahrzeugen lokalisiert.

Das **»Ralswiek, Boot II«** war eines der beiden sehr gut erhaltenen, 1967 gefundenen Boote. 1996 und 1998 wurden zwei Nachbauten Bialy Kon (Weißes Pferd) und Tichy Kon (Wildes Pferd) gefertigt, um die Fahreigenschaften zu testen.

Bauweise:	geklinkert, Schalenbauweise, Eichenholz, Verbindung der Plankenverbände und Spanten mit Holznägeln, Kalfaterung aus Tierhaar
Länge, Breite:	9/2,50 m
Erbaut:	9./10. Jahrhundert
Verbleib:	1993 geborgen und konserviert; Archäologisches Landesmuseum Mecklenburg-Vorpommern.

Ebenfalls beteiligten sich Tauchereinheiten der Marine unter der Leitung von Fregattenkapitän Horst Förster seit 1968 an der Sondierung von verschiedenen Schiffswracks an der Nordwestküste der Insel Rügen. Informationen zu den Wracks und geborgene Fundstücke gelangten in das Kulturhistorische Museum von Stralsund. Durch eine Verschärfung der Bestimmungen für die Seegrenze der DDR wurden wissenschaftlich motivierte Tauchgänge seit 1976 erschwert. Dennoch gründete sich auf Initiative des Autors 1982 in Dranske eine Interessengemeinschaft Meeresarchäologie der Marine- und Sporttaucher angehörten. Durch Unterstützung des Kulturhistorischen Museums in Stralsund und durch die Führung der in Dranske stationierten 6. Flottille waren ab 1986 in begrenzten Rahmen Tauchgänge an der Westküste der Insel Rügen zwischen Kap Arkona und dem Bug möglich.

Neben den Tauchuntersuchungen besitzen auch die Erfassung von Schiffsuntergängen aus den Erzählungen der Seeleute und die Aufarbeitung von schriftlichen Überlieferungen zu Seeunfällen eine große Bedeutung. Dieser Arbeit nahm sich Wolfgang Rudolph am Berliner Institut für Volkskunde an. Eine umfangreiche Kartei entstand, die bis zum heutigen Tag eine wichtige Grundlage zur Suche und Identifizierung von Schiffswracks bietet.

Nach der Friedlichen Revolution 1989 und dem Wegfall des Eisernen Vorhanges standen auch der Unterwasserarchäologie alle Möglichkeiten offen. Im Gegensatz zu den an die Ost- und Nordsee angrenzenden alten Bundesländern gab es für die Küste von Mecklenburg-Vorpommern bereits solide Grundlagen für weitere unterwasserarchäologische Forschungen. Die aktiven Taucher in diesem Bereich gründeten 1990 den Verein für Unterwasserarchäologie Mecklenburg-Vorpommern, der sich zu einem späteren Zeit-

^ *Taucher der Arbeitsgruppe für Unterwasserforschung der Akademie der Wissenschaften untersuchen 1966 ein Schiffswrack vor Hiddensee.*

punkt als Landesverband umstrukturierte. 1992 fand im Rostocker Schiffbaumuseum eine Sonderausstellung zur Unterwasserarchäologie statt, mit der die Thematik verstärkt in die Öffentlichkeit gebracht wurde. Ab 1993 zeigte dann auch das Landesamt für Bodendenkmalpflege Mecklenburg-Vorpommern ein verstärktes Interesse an den Forschungen. Mit zeitlich befristeten Projektmitteln wurde an der Behörde ein Dezernat für Unterwasserarchäologie eingerichtet, dessen vornehmliche Aufgabe in der Registrierung von archäologischen Fundstellen im Bereich der Ostsee und Binnengewässer des Landes bestand. Einen Hauptschwerpunkt der Arbeit des Dezernates bildete die Erfassung von Schiffswracks, aber auch von vorgeschichtlichen Siedlungsplätzen um die Insel Rügen. Hierbei wurden die Mitarbeiter durch Sporttaucher und durch Studenten unterstützt. Zur Präsentation der Ergebnisse konnte 1998 in Sassnitz das Museum für Unterwasserarchäologie eingerichtet werden, in dem ein halbes Jahr später mit großem Erfolg der erste Internationale Kongress zur Unterwasserarchäologie durchgeführt wurde.

Taucher in moderner Ausrüstung bei der Dokumentation eines Wracks vor dem Königstuhl.

Missmanagement in der Denkmalpflege gekoppelt mit politisch verordneten Sparzwängen führte seit 2004 zu einer kontinuierlichen Auflösung des mit Zeitverträgen besetzten Dezernates für Unterwasserarchäologie. Infolgedessen kam es zur Schließung des Museums für Unterwasserarchäologie. In diese Zeit fielen im März 2009 auch Skandale über den Zerfall der steinzeitlichen Einbäume von Stralsund, dem desolaten Zustand der Boote von Ralswiek und anderer wichtiger archäologischer Fundkomplexe in Obhut des Landesamtes für Kultur und Denkmalpflege. Die submarine Denkmalpflege beschränkt sich seitdem fast ausschließlich auf die Begleitung von Baumaßnahmen, die durch deren Verursacher finanziell getragen werden muss. Es handelt sich dabei um Aufgaben, die im Auftrag des Landes durch Privatfirmen oder zeitlich befristet eingestellte Projektmitarbeiter wahrgenommen werden. Bauvorhaben werden dabei lediglich überwacht, wie z. B. der Bau der Erdgastrasse Nordstream, in deren Verlauf mehrere Schiffswracks im Greifswalder Bodden beräumt wurden. Eine kontinuierliche staatliche Erfassung und Untersuchung sowie der Schutz der Schiffswracks und anderer archäologischer Fundplätze unter Wasser sind derzeit leider nicht gegeben.

2005 gründete sich in Rostock der Verein archaeomare e.V., der in seinen Reihen Wissenschaftler sowie interessierte Sport-, Forschungs- und Berufstaucher vereint, die in ehrenamtlicher Arbeit Museen und Behörden durch marine Forschungen unterstützen. Im Rahmen dieser Arbeit wurden seit Bestehen des Vereins über 50 Wracks vor Rügen und Hiddensee erfasst, die nachfolgend auch Darstellung finden werden.

Es bleibt zu hoffen, dass sich neben einigen privaten Initiativen sowohl das Bundesland Mecklenburg-Vorpommern als auch die Bundesrepublik Deutschland verstärkt der Erschließung und dem Schutz der Schiffswracks, die zweifellos zum maritimen Erbe unseres Landes gehören, stellen werden.

DENEB

Spurensuche in den Archiven und am Meeresgrund

Die planmäßige Suche nach Schiffswracks verlangt umfangreiche Vorbereitungen. Neben der wissenschaftlichen Arbeit auf See gehören umfangreiche Recherchen in den Archiven ebenso zur Arbeit des Unterwasserarchäologen.

In schriftlichen Überlieferungen wie Urkunden, Handschriften oder in gedruckten Berichten finden sich vielfältige Hinweise auf Schiffsverluste. Häufig lassen sich Seegebiete bestimmen, in denen es aufgrund von Untiefen oder einer hohen Verkehrsdichte vielfach zu Havarien gekommen ist. In den Schriften enthaltene Angaben zur Untergangsstelle ermöglichen dabei oft eine zielgerichtete Suche. Über Luft- und Satellitenbilder können dann Anomalien, die auf Wracks hindeuten, erfasst und durch Tauchuntersuchungen bewertet werden. In größeren Tiefen erfolgen die Sondierungen mit hochauflösenden Sonaren, die mit Schall den Seeboden abscannen oder mit empfindlichen Magnetometern die Eisenteile erfassen.

Wracks werden aber auch zufällig durch Taucher, Fischer oder bei Hafenausbauten, Baggerungen, der Verlegung von Trassen und anderen Bauarbeiten auf See gefunden. Die Unterwasserarchäologen gehen bei ihrer Arbeit all diesen Hinweisen nach. Besonders wichtig ist die Zusammenarbeit mit dem Bundesamt für Seeschifffahrt und Hydrographie (BSH). Diese Behörde ist zuständig für die Seevermessung, und so auch für die Suche nach Wracks, die gefährliche Hindernisse für die Schifffahrt und Fischerei darstellen können. Mit modern ausgerüsteten Vermessungs- und Wracksuchschiffen wie der DENEB konnten bereits über 1 000 Wracks und andere Schifffahrtshindernisse vor der deutschen Ostseeküste entdeckt werden. Während das BSH die Wracks überwiegend als gefährliche Objekte betrachtet, befassen sich die Unterwasserarchäologen und Schifffahrtshistoriker mit dem historischen Wert. Dazu ist in erster Linie eine genaue Datierung und Bewertung erforderlich, die unter günstigen Umständen zu einer Identifizierung der entdeckten Schiffsreste führen kann. Hierfür sind Untersuchungen durch archäologisch versierte Forschungstaucher erforderlich, bei denen die Dimensionen des Wracks, das verwende Schiffbaumaterial und die Art der Konstruktion erfasst werden. Reste der Ladung und die Schiffsausrüstung können weitere Hinweise zur Bestimmung des Untergangszeitpunktes und der Identität liefern. Bei der

‹ Das Vermessungs-, Wracksuch- und Forschungsschiff DENEB des Bundesamtes für Seeschifffahrt und Hydrographie im Einsatz.

^ Luftbild von Kap Arkona. Auf dem vorgelagerten Riff strandeten viele Schiffe.

Datierung können Münzen, Kanonen, aber auch Inschriften auf Flaschen oder Keramikgefäßen hinzugezogen werden, die mit einem Herstellungsdatum versehen sind. Mit diesem sogenannten »terminus post quem« steht fest, dass das Schiff nicht vor diesem Datum gesunken sein kann. Das so ermittelte Datum gernzt den Zeitraum für die Recherche weiter ein.

Ein naturwissenschaftliches Verfahren zur Datierung von Hölzern aus archäologischen Fundkomplexen ist die Dendrochronologie. Die Konstruktion des Schiffskörpers, aber auch Gegenstände der Ausrüstung oder Überreste der Ladung bestehen oft aus Holz und lassen sich auf ihr Alter untersuchen.

Die **Dendrochronologie** ist eine naturwissenschaftliche Datierungsmethode, bei der die Jahresringe eingemessen und aufgrund ihrer unterschiedlichen Breiten einer bestimmten Wachstumszeit und einem ursprünglichen Standort zugeordnet werden können. Die unterschiedlichen Jahresringbreiten entstehen durch einen Wechsel von Umweltbedingungen, wie z.B. dem Klima, aber auch Schädlingsbefall und anderen Faktoren. Durch regionale Besonderheiten kann häufig auch der ungefähre Standort des Baumes bestimmt werden.

Die Ergebnisse aller archäologischen Untersuchungen vermögen Aufschluss zum Schiffstyp, zum Alter des Fahrzeugs und zum möglichen Zeitpunkt des Unterganges zu geben. Darüber hinaus kann die Herkunft des Schiffes und die befahrene Handelsroute anhand der mitgeführten Ausrüstung und Waren ermittelt werden. Die Wracklage und noch erkennbare Schäden liefern vielfach Indizien zum Untergang.

Die durch die Unterwasserarchäologie ermittelten Fakten geben ein erstes hypothetisches Bild zum Schicksal des Schiffes. Erst

‹ Forschungstaucher bei der Untersuchung des Wracks des norwegischen Dampfers Kong Oskar.

in Ergänzung mit mündlichen oder schriftliche Berichten zu dessen Scheitern sowie Abbildungen des Fahrzeuges vermögen wir uns heute ein umfassendes Bild zu machen. Die Recherchen in den Archiven spielen daher vor der Suche von versunkenen Schiffen, aber auch bei deren Identifizierung eine wichtige Rolle. Umfangreiche Bestände zu Havarien vor der Küste von Rügen und Hiddensee finden sich im Stadtarchiv in Stralsund, dem Pommerschen Landesarchiv in Greifswald oder, je nach Herkunft des Schiffes, oft in anderen Archiven der Küstenstädte von Nord- und Ostsee.

Die ersten schriftlichen Quellen, die Auskunft über Schiffsverluste geben, sind die Urkunden der Hanse. Im Stralsunder Archiv ist für den 9. April 1324 ein Dokument erhalten, in dem sich Breslauer Bürger um ihr vor Rügen gesunkenes Schiff bemühen. Ebenfalls finden wir dort Hinweise zu einem weiteren Schiff, das am 15. April desselben Jahren vor der Rügenschen Küste scheiterte. Aber nicht nur durch Stürme, sondern auch durch Seeräuber konnten Schiffe ausgeplündert, beschädigt oder sogar versenkt werden. Herzog Wartislaw IX. von Pommern-Wolgast (um 1400–1457) bat z. B. die Stadt Stralsund am 13. März 1456 um ein gemeinsames Vorgehen gegen Seeräuber, die am Gellen, der Südspitze Hiddensees, ihr Unwesen trieben. Diese und andere Urkunden zur Zeit der Hanse haben eines gemeinsam: Die Havarie als Fakt wird erwähnt und der Untergangsort nur sehr ungenau mit »vor Rügen« bezeichnet. Dem Wesen der Hanse entsprechend enthielten die Schriftstücke weitere Informationen über die Ladung sowie über eine mögliche Sicherung des havarierten Schiff für die Kaufleute. Wesentlich aussagekräftiger sind dagegen Schriften zu den gewaltsamen Aktionen der Hansestädte ab dem 15. Jahrhundert. Finanziert über die Kämmereien der Städte, wollten die Verwaltungen genaue Berichte über die Umstände, die zum Verlust der Schiffe führten. Ähnlich verhielt es sich in den jeweiligen Königreichen, die Kriegsschiffe auf der Ostsee unterhielten. Für den Zeitraum von 1760 bis 1846 stehen im Stralsunder Archiv mit den Verklarungsakten der Handelsschifffahrt Handschriften zur Verfügung, die einen sehr hohen Quellenwert für die Untersuchung von Wrackfunden besitzen. Als Rechtsakte wurde die sogenannte »Verklarung« meist am Gericht in der nächsten größeren Hafenstadt aufgesetzt. In ihr ist eine eidesstattliche Erklärung zum Verlauf der Havarie enthalten. Neben der genauen Beschreibung des Unfallherganges mit Angaben zum Havarieort lassen sich in der Verklarung auch Hinweise zum Schiff, zur Besatzung, der Ladung und auch der Route finden. Häufig sind der Akte auch das Schiffsjournal, oder zumindest Auszüge davon, beigefügt. Die Verklarung als Seeprotest ist auch heute noch ein amtliches Zeugnis, das zur Klärung der Schuldfrage und gegebenenfalls für weitere Ermittlungen zum Unfallhergang dient.

Ein Beispiel für die Dramatik eines Schiffsunglücks und das Bemühen, das Schiff vor dem Scheitern zu bewahren, bietet die Verklarung des Schiffers Hans Minlos aus Lübeck, die er am 10. Dezember 1770 in Stralsund abgab. Mit seiner Galeaß Ringender Jacob begab er sich am 4. Oktober von Petersburg kommend auf die Heimreise. Nachdem die Galeaß am 25. Oktober Bornholm erreicht hatte, passierte er vier Tage später Jasmund und geriet am Morgen des 30. Oktober vor Hiddensee in einen Sturm aus südsüdwestlicher Richtung, sodass er im Libben, der Bucht zwischen der Nordostküste Hiddensees und der Westküste der Insel Rügen, einen ruhigen Ankerplatz suchen musste. Trotz ständigen Lotens geriet Minlos mit seinem Schiff auf ein Riff und zwischen zwei große Steine. Alle Bemühungen, das Schiff aus eigener Kraft vor Ort freizubekommen, scheiterten. Mit Unterstützung durch einen Bergungsspezialisten aus Stralsund wurden mithilfe von 50 Personen, ausgerüstet mit sieben Pumpen und Eimern, die Ladung geborgen, das Wasser aus dem Schiff gepumpt und Schäden durch zwei Zimmerleute repariert. Der Versuch, das Schiff daraufhin mit zwei Jachten anzuheben und freizubringen, misslang jedoch. Ein aufkommender Sturm aus Westnordwest zerstörte schließlich alle weiteren Hoffnungen und in kürzester Zeit auch das Schiff, dessen Trümmer an den Strand geworfen wurden.

Galeaß	**Der Ringende Jacob**
Herkunftsland:	Deutschland
Heimathafen:	Lübeck
Kapitän:	Hans Minlos
Besatzung:	1 Steuermann, 1 Matrose,1 Koch,
Ladung:	Seife, Kerzen und Segeltuch
Verbleib:	Auf der Reise von Petersburg nach Lübeck am 30.10.1770 unterhalb vom Dornbusch auf die Steine geraten, am 16.11.1770 im Sturm zerschlagen und gesunken.

In dieser Art der Schilderung geben viele Verklarungen einen Einblick in das gefährliche Leben auf See, dem Scheitern der Fahrzeuge und der versuchten Rettungen von Ladung und Schiff. Neben der Verklarung kann der Unfall zur genauen Klärung der Ursache vor dem Seeamt weiterverhandelt werden. Die Seeämter gibt es in Deutschland seit dem 1. Januar 1878. Deren Entscheidungen – die sogenannten »Sprüche« – liegen seit dieser Zeit auch in schriftlicher Form vor.

Eine weitere wichtige Quelle für Schiffsuntergänge der letzten 140 Jahre sind die »Nachrichten für Seefahrer«, die in gedruckter Form seit 1870 erscheinen. Durch die für die Schifffahrt zuständigen Behörden werden in ihnen die Seeleute auf Veränderungen vor der deutschen Küste und somit auch auf gefährliche Wracks aufmerksam gemacht. Diese Meldungen tragen beispielsweise folgenden Wortlaut, wie eine Nachricht aus dem Jahr 1884: *Lage eines Wracks an der Ostküste von Jasmund. Insel Rügen. Pommern. Deutsche Küste. Nach einer Mittheilung des Regierungspräsidenten zu Stralsund vom 19. Mai d. J. ist an der Ostküste von Jasmund, ca. 1 000 m vom Kieler Ufer entfernt, auf 13 m Wassertiefe der Dampfer »Christianssund« gesunken. Beide Masten ragen aus dem Wasser hervor. An einem derselben wird bei Tage eine grüne Flagge und bei Nacht eine weiße Ankerlaterne gezeigt. Bei stürmischem Wetter kann die Laterne nicht angezündet, also auch nicht gezeigt werden.* Trotz der Kürze der Nachricht sind in ihr wichtige Angaben zum Untergangsort und zum Schiff enthalten, die eine Identifizierung bzw. Auffindung des Wracks ermöglichen könnten.

Detaillierte Angaben zu den Schiffen befinden sich in den Registern von Klassifizierungsgesellschaften. In Deutschland ist das seit 1867 der Germanische Lloyd. In den Listen sind Informationen zum Schiffsnamen, zum Kapitän und Heimathafen, zur Schiffsklasse sowie zu den Dimensionen, der Bauweise und des Antriebs enthalten – wichtige Details, die bei der Bestimmung eines Wrackfundes weiterhelfen. Ab der zweiten Hälfte des 19. Jahrhunderts berichten auch Tageszeitungen über die Schifffahrt und auch Untergänge. Für die Region Rügen, Hiddensee und Stralsund sind das die Stralsundische Zeitung, die Rügensche Zeitung oder das Rügensche Kreis- und Anzeigenblatt. Häufig sind unter der Rubrik »Schiffsnachrichten« die Strandungen und Untergänge der Region ausführlich dargestellt. So berichtete die Stralsundische Zeitung am 29. Juni 1889: *Heute Morgen gegen 8 ½ Uhr erblickte man von Arcona aus ostwärts einen brennenden Dampfer, der die Nothflagge gehißt hatte. Das Rettungsboot von der Station Puttgarten eilte sofort nach der Unfallstelle ab. Die Flammen verbreiteten sich jedoch so schnell, daß man Mühe hatte, noch rechtzeitig die Boote ins Wasser zu lassen, um die Besatzung aufzunehmen. Der Bergungsdampfer »Sequens« ist bereits um 9 Uhr Vormittag bei Swinemünde nach dem brennenden Schiff in See gegangen.* Es folgt dann ein aktueller Nachtrag: *Puttgarten, den 29. Juni. Soeben Vormittags 9 Uhr wird ca. eine deutsche Meile von Arcona ein Dampfer bemerkt; durch ein Fernglas sieht man das Schiffssignal: »Habe unbedingt Hülfe nöthig.« Da das Schiff vollständig in Rauch steht, vermutet man Feuer. Die Rettungsstation Puttgarten wird soeben allarmirt.* Weiter meldet uns derselbe Berichterstatter am 30. Juni: *Das hölzerne Dampfschiff »Kong Os-*

kar« von Stavanger, Capt. Helingsen, welches von Stettin mit Ballast nach Schweden bestimmt war, gerieth am 29. d.M. morgens 4 Uhr, ca. 1 ½ Meilen von Arcona in Brand. Um 7 Uhr wurde hier das Nothsignal bemerkt, die Rettungsstation Puttgarten allarmirt und in wenigen Stunden bemerkte man das mit 12 tüchtigen Seeleuten bemannte Rettungsboot in unmittelbarer Nähre des mit Rauch bedeckten Schiffes. Verschiedene Dampfer steuerten zur Hilfe eilend auf das brennende Schiff zu, verschwanden aber nach kurzem Aufenthalt. Abends gegen 7 Uhr, nachdem der Bergungsdampfer »Sequens« vergebliche Löschversuche gemacht, wurde der »Kong Oskar« zwischen Arcona und Vitte auf den Strand gesetzt. Die Besatzung war schon geborgen. – Ein schaurig schöner Anblick war es den Zuschauern, die bis spät in die Nacht vom Ufer aus den brennenden Dampfer beobachteten.

Dampfer	**Kong Oscar**
Herkunftsland:	Norwegen
Werft:	vermutlich Stavanger
Heimathafen:	Stavanger/Norwegen
Unterscheidungssignal:	JKCF
Eigner:	T. Meling, Stavanger
Kapitän:	1889: Helliesen
Gebaut:	1872 in Holz
Verbleib:	Am 29.6.1889 auf der Reise von Stettin nach Kragerø/Norwegen in Ballast vor Arkona in Brand geraten und bei Vitte gestrandet. Wrack.
Rauminhalt:	303 BRT/213 NRT
Länge, Breite, Tiefgang:	36,50/7,55/4,34 m
Antrieb:	Dampfer mit Besegelung
Einsatzradius:	Nord- und Ostsee

Die Beschreibung ermöglichte es, den Dampfer an der beschriebenen Stelle zu lokalisieren und anhand der Brandspuren zu identifizieren. Umfassende Berichte erschienen über Stürme und andere Wetter-

Darstellung eines Brandes auf einem hölzernen Dampfschiff um 1880, nach A. Kircher.

Strandete in einer Sturmflut 1903: der Schoner Freden.

katastrophen. Zu den schwersten zählte die Sturmflut vom 12. zum 13. November 1872, mit Fluthöhen von bis zu 3,5 Meter über NN. Allein auf Rügen und in Vorpommern wurden 33 Schiffsverluste gezählt. Die Flut verursachte auf der Ostsee insgesamt 654 Schiffshavarien. Ein weiteres Hochwasser am 19. April 1903 blieb unter 1,5 Meter über NN. Dennoch waren auch hier die Schäden beträchtlich. Die Stralsundische Zeitung vom 23. April 1903 berichtete von mindestens 40 Totalverlusten an der deutschen und dänischen Küste. Allein im Hafen von Wiek auf Rügen mussten der Untergang und die Strandung von 19 Fahrzeugen vermeldet werden. An der Außenküste zwischen Arkona und Barhöft kam es zu neun Havarien. Bei Gellort in der Nähe von Arkona wurde der Schoner Freden hoch auf den Strand geworfen und in dieser Lage zu einem beliebten Postkartenmotiv.

Am 31. Dezember 1904 wurde die nächste Sturmflut an der deutschen Küste vermeldet, die Höhen über 2,40 Meter NN erreichte. Die Stralsundische Zeitung vom 1. Januar 1905 berichtete, dass die Flut große Schäden im Stralsunder Hafen an Schiffen, Fischereibooten und an Gebäuden anrichtete. Der Ummanzer Dampfer Delphin wurde beim Hochwasser sogar auf die Fährbrücke gehoben. Ein Schiff gleichen Namens ereilte im selben Sturm bei Binz das Schicksal. Das Blatt vermeldete am 3. Januar: *Ueber Nacht wurde von der hiesigen Rettungsstation auf der Ostsee ein Schiff bemerkt, welches sich bei dem heftigen Sturme in großer Gefahr befand. […] In der Gegend von Heidhof lag einige Hundert Meter von der Küste das gefährdete Schiff auf einer Sandbank, es stand schon zum Teil voll Wasser und ein Mast war abgebrochen worden. Die Besatzung des Schiffes bestand aus 4 Mann, dem Kapitän, einem Steuermann, einem Matrosen und einem Schiffsjungen, welche alle mittels des Raketenapparates glücklich gerettet wurden. Das Schiff war der Schoner »Delphin« von Ostfriesland. In Memel hatte es vor 5 ½*

Schoner	**Freden**
Herkunftsland:	Dänemark
Werft:	J. Rasmussen Marstal
Heimathafen:	Marstal
Eigner:	H. M. Seier
Kapitän:	Dissen/Eriksen
Besatzung:	4 Mann
Gebaut:	1894
Indienststellung:	Oktober 1894
Verbleib:	Am 19.4.1903 auf der Reise von Helsingborg nach Carlskrona (Rudolph gibt von Kopenhagen nach Mönsterås/Schweden an) in Ballast bei Gellort/Arkona gestrandet. Wrack. – Meldung aus der Stralsundischen Zeitung vom 24.4.1903. (Die Zeitung gibt hier fälschlich »Schoner« statt »Ewer« an.)
Rauminhalt:	166 BRT/148 NRT
Länge, Breite, Tiefgang:	31,17/7,72/3,14 m
Antrieb:	Segel, schonergetakelt
Einsatzradius:	Nord- und Ostsee

Wochen eine Ladung Holz nach Oldenburg eingenommen. Bei Arkona wollte es vor Anker gehen, doch der Sturm riß den Anker weg. Bei Jasmund versuchten sie nochmal einen zweiten Anker zu werfen, doch dieser hatte das selbe Schicksal. Die Decksladung mußte über Bord geworfen werden. Wie ein Spielball war es nun den Wellen preisgegeben, bis es hier auf den Strand gesetzt war. Auch dieses Wrack zierte viele Postkarten. Ein findiger Binzer Hotelier ließ das Schiff auf den Strand ziehen und instand setzen, um es als Restaurant »Fliegender Holländer« zu betreiben. Eine lukrative Geschäftsidee, die 1969 später mit der »Kogge« in Mukran, einem ebenfalls auf den Strand gezogenen Sassnitzer Fischkutter SAS 231 Ernst Grube Nachahmung fand.

Ewer	**Delphin**
Gesunken:	31.12.1905
Herkunftsland:	Deutschland
Heimathafen:	Wester Rhauderfehn, Ostfriesland
Unterscheidungssignal:	NFVP
Eigner/Kapitän:	Kapitän Oltmanns
Besatzung:	1 Kapitän, 1 Steuermann, 1 Matrose, 1 Schiffsjunge
Erbaut:	D. Focke in Motzen
Material:	Eiche, Kiefer, Buche
Indienststellung:	Juli 1882,
Verbleib:	Der Ewer war mit einer Ladung Holz auf der Reise von Memel nach Oldenburg beim Heidhof in der Prorer Wiek gestrandet und später als Restaurant im Badeort Binz genutzt worden.
Rauminhalt:	88 BRT/74 NRT
Länge, Breite, Tiefgang:	20,48/6,10/2,59 m
Antrieb:	Segel
Einsatzradius:	Nord- und Ostsee

Zustand des Schoners Freden kurz nach der Strandung.

Der Ewer Delphin wurde am 31. Dezember 1904 bei Heidhof in der Prorer Wiek an den Strand geworfen und später zum Restaurant »Der Fliegende Holländer« umgebaut.

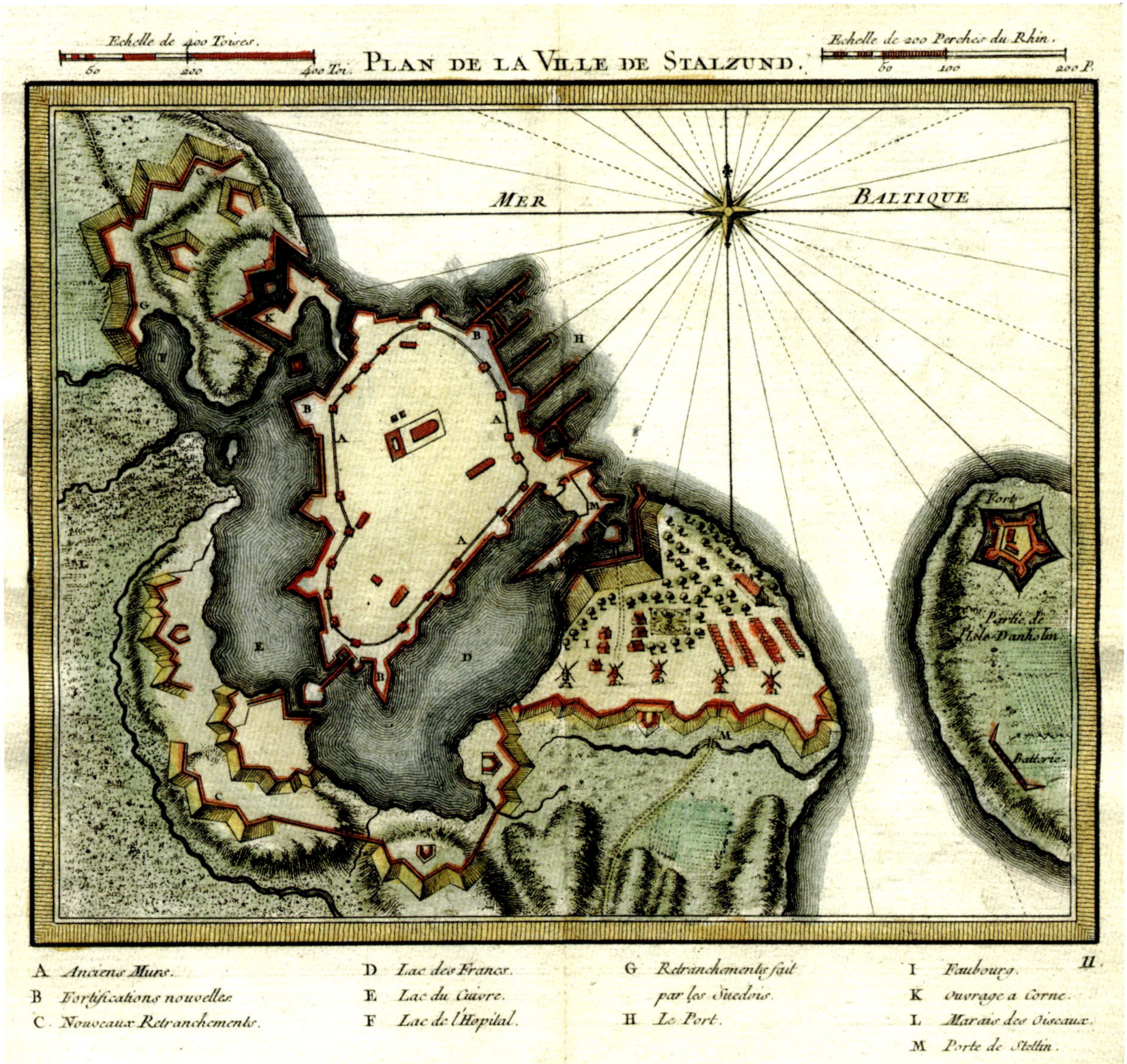

Darstellung von Stralsund, um 1758. Gut ist die Insellage der Stadt mit den verschiedenen Teichen zu erkennen. Kupferstich aus G. de Heulland »Theatre de la guerre presente en Allemagne«, Paris 1758.

Kogge, Holk und Schnigge – Auf der Suche nach den Schiffen der Hanse

Mit den Eroberungszügen Heinrichs des Löwen und mit den Wendenzügen des Dänenkönigs Waldemar wurden im 12. Jahrhundert die Voraussetzungen für einen umfassenden politischen, religiösen und wirtschaftlichen Wandel im Bereich der südlichen Ostseeküste geschaffen. Mit der Gründung Lübecks im Jahr 1159 war eine wichtige Grundlage für den Anschluss der deutschen Kaufleute an den Ostseehandel gegeben. Die Fernhändler schlossen sich zu Genossenschaften, den »Hansen«, zusammen, wobei »Hanse« so viel wie »Schar« bedeutet. In der Gemeinschaft ließ sich das Risiko beim Handel minimieren und auch bessere Privilegien mit den Landesherren aushandeln. Der Warenverkehr erforderte ein gut strukturiertes Netz an Handelsstützpunkten, um den Absatz und den Bezug von Gütern aus dem Hinterland sicherzustellen. Mit Städtegründungen entlang der Ost- und Nordsee wurde dieses Netz im 12. und 13. Jahrhundert geschaffen. Im Einzugsgebiet der Rügenschen Gewässer erhielt Stralsund 1234 und Greifswald 1250 das Stadtrecht.

Bei der Wahl des Platzes für die Städte lässt sich ein Muster erkennen. Die Ansiedlung lag nicht direkt an einer von Stürmen und kriegerischen Anlandungen ungeschützten Außenküste, sondern an Flussmündungen oder fjordähnlichen Gewässern wie dem Strelasund, die Schiffen eine ausreichende Wassertiefe boten. Häufig waren die Städte auch selbst von Flüssen, Teichen oder morastigen Niederungen umgeben, die ausreichenden Schutz garantierten. Mit dem Anschluss an eine Handelsstraße oder an Flusssysteme war die Verteilung der Waren ins Hinterland garantiert. Eine weitere wichtige Voraussetzung waren geeignete Schiffe und Boote, mit denen der Fernhandel auf der See, in Küstennähe, auf den Binnengewässern, aber auch die Fischerei erfolgen konnte. Anfangs nutzten die hansischen Kaufleute die Fahrzeuge der Skandinavier und auch

Das Siegel der Hansestadt Stralsund von 1329 mit der Darstellung einer Kogge.

Luftbild der Grundmauern der Luchte am Gellen, einer Kapelle des Zisterzienserklosters am Hiddenseer Weststrand.

der Slawen. Es ist aber auch davon auszugehen, dass die häufig aus dem Niederrheingebiet und von der Nordseeküste stammenden Einwanderer ihre eigenen Traditionen und Formen im Schiffbau mitbrachten. Archive verraten uns die Namen der Schiffe: Kogge, Holk, Schnigge, Schute, Kahn oder Prahm.

Doch wie sahen diese Seefahrzeuge aus, die zur Zeit der Hanse in den Gewässern vor Rügen und Hiddensee verkehrten? Es gibt für diese Schiffe keine Beschreibungen und Konstruktionspläne. Zu finden sind einige einfache Darstellungen auf Siegeln oder in den Kirchen. In den Archiven lagern nur wenige Hinweise. Mit Angaben zu den Ladungen und zu den Handelsrouten kann die Größe nur ungefähr rekonstruiert werden. Eine wichtige Bedeutung zur Untersuchung der Schifffahrt aber auch zur Untersuchung des Schicksals einzelner Schiffe kommt auch hier der Unterwasserarchäologie zu.

Die Städte Stralsund und Greifswald liegen geschützt durch die vorgelagerte Insel am Strelasund und am Greifswalder Bodden an der pommerschen Küste. Die sichere Lage hatte aber auch ihren Preis. So konnten sie im Westen nur über das enge Fahrwasser zwischen Hiddensee, Rügen und dem Festland erreicht werden. Auch der östliche Seeweg führte über eine Kette von Untiefen, der sogenannten Boddenrandschwelle, die den Greifswalder Bodden zur Ostsee abgrenzt. Erst in der Allerheiligenflut von 1304 bildete sich ein Durchgang,

Rekonstruktionszeichnung der Luchte am Gellen.

der regelmäßig durch größere Schiffe genutzt werden konnte. Beide Einfahrten haben eines gemeinsam: Sie waren nicht einfach und nur schwer bei widrigen Winden zu passieren. Darüber hinaus konnten Stürme und Strömungen diese Seewege so verändern, dass Schiffe bei der Durchfahrt auflaufen und sogar verloren gingen. Diese Feststellungen waren wichtige Ansatzpunkte für gezielte archäologische Untersuchungen. Die riskante Einfahrt am südlichen Ende von Hiddensee wurde sogar durch ein frühes Leuchtfeuer, die »Luchte«, gesichert, das 1296 von auf der Insel ansässigen Zisterziensermönchen errichtet und ab 1302 in Betrieb genommen wurde. Im Flachwasser am Gellen sind noch heute die Turmfundamente und die Reste der Grundmauern einer angrenzenden kleinen Kapelle sichtbar.

Genau dort begann schon 1966 die Arbeitsgruppe für Unterwasserforschung der Akademie der Wissenschaften mit ihren Sondierungen. Unter der Leitung von Martin Rauschert wurde mit einfachen Methoden, aber äußerst effektiv vor der Küste der Insel Hiddensee gesucht. Am Strand ging einer der Wissenschaftler mit einer Leine entlang, deren anderes Ende ein Taucher ebenfalls parallel zur Küste führte. Ein weiterer Taucher kontrollierte die Leine. Verhakte sie sich über dem sonst flachen sandigen Grund, war die Wahrscheinlichkeit groß, dass dort ein Wrack lag. Auf diese Weise konnten die Reste von fünf gesunkenen Schiffen und Kalksteine einer Schiffsladung entdeckt werden. Zwei der Wracks waren aus dünnen Eichenplanken in der Klinkerbauweise gefertigt – ein Hinweis darauf, dass es sich um mittelalterliche Schiffe handeln könnte. Auf einem dieser Wracks befanden sich noch die Reste der Ladung: Es handelte sich vermutlich um Eisen oder ein anderes Metall, das in Fässern transportiert wurde. Leider wurden die so aussichtsreichen Untersuchungen nicht weitergeführt.

Der Hiddenseer Lehrer Jörg Rosin, ein Kenner der Inselgeschichte und Taucher, hatte im Heimatmuseum Kloster alle Unterlagen zu den Wrackuntersuchungen der 1960er-Jahre eingesehen und auch den pensionierten Museumsleiter Karl Ebbinghaus befragt. Aufgrund dieser Informationen konnte Rosin eine ganze Anzahl von Wracks sicher lokalisieren. 1992 fand eine erste Expedition vor der Küste Hiddensees statt. Vor Kloster, an der Hucke, stieß man auf ein Wrack, das nach einer früheren C14-Datierung um 1590 (+/- 100 Jahre) gefahren war und bei dem es sich nach überlieferten Erzählungen um eine Kogge handeln sollte. Dieses und drei andere Schiffswracks aus dem 18. bis 20. Jahrhundert wurden genau dokumentiert. Folgeuntersuchungen zeigten schließlich, dass es sich bei der vermeintlichen Kogge um ein flaches prahmartiges Fahrzeug aus dem ausgehenden 18. Jahrhundert handelte; allerdings in einer Bauform, die schon zur Zeit der Hanse gebräuchlich war. Möglicherweise war der Prahm als Leichter eingesetzt, um für Stralsund bestimmte Waren schon vor Hiddensee von größeren Schiffen zu übernehmen.

Die nächste größere Expedition erfolgte dann 1996 mit dem Forschungskutter SEEFUCHS, der als Basis am Gellen vor Anker lag. Bei sehr klarem Wasser wurde der ufernahe Bereich mit einem Schlauchboot abgefahren. Gut sichtbare dunkle Verfärbungen auf dem sandigen Grund wurden sofort durch Taucher begutachtet. Mit diesem Verfahren konnten innerhalb von anderthalb Stunden fünf Schiffswracks gefunden werden. Das Suchareal lag etwas weiter südlich, als bei den Sondierungen von 1966 und keines der entdeckten Wracks war bislang bekannt. Besonders interessant erschienen die Reste eines ursprünglich sehr großen Schiffes, das aus Kiefernholz in Klinkerbauweise gefertigt war. Auf dem Wrack befanden sich die Reste einer Ladung aus polierten Kalkplatten von der Insel Öland. Der Fund erhielt den Arbeitsnamen »Gellenwrack« und wurde im darauffolgenden Jahr eingehend dokumentiert und geborgen. Dieses unterwasserarchäologische Projekt im Auftrag des zuständigen Landesamtes für Bodendenkmalpflege findet noch an anderer Stelle des Buches ausführliche Darstellung.

1997 erfolgte im Rahmen der Gellenwrackbergung ebenfalls eine weitere umfassende Prospektion des Seegebietes vor Hidden-

Mit dem Forschungskutter Seefuchs *konnten 1996 und 1997 15 Fundplätze am Gellen erfasst werden.*

Ein sogenannter Grapen aus Bronze, der an einem mit Kalksteinen beladenen Schiffsrest in der Nähe des Gellenwracks gefunden wurde. Er stammt aus der zweiten Hälfte des 14. Jahrhunderts.

see. Es konnte ein großes Streufeld von Wrackteilen von verschiedenen mittelalterlichen Schiffen festgestellt werden. Dazu gehörten Planken und das Kielschwein eines in der nordischen Klinkerbauweise gefertigten Fahrzeuges aus der ersten Hälfte des 13. Jahrhunderts. Ebenfalls in unmittelbarer Nähe des Gellenwracks befanden sich Bronzegefäße und Keramik aus der zweiten Hälfte des 14. Jahrhunderts.

Mit dem Abschluss der Untersuchungen am Gellenwrack ließ sich konstatieren, dass sich in dessen Umfeld das Fundmaterial von verschiedenen Schiffen des 13. bis 20. Jahrhunderts befand. Durch

Handels- und Pilgerfahrten auf See endeten häufig mit einer Strandung. Schiffbruchdarstellung einer »baerdze« aus der zweiten Hälfte des 15. Jahrhunderts.

Stürme und Strömung waren die Überreste der Wracks miteinander vermischt, lieferten aber auch einen Beleg dafür, dass es seit dem Mittelalter im Bereich der Luchte zu vielen Havarien gekommen war. Bei den erneuten Untersuchungen gelang es aber auch, zwei der 1966 erwähnten Fundplätze wiederzuentdecken. Es handelte sich dabei um ein Fahrzeug aus dem 19. Jahrhundert und um eine Schiffsladung Kalksteine. Die von der Insel Gotland stammende Fracht bestand aus grob gebrochenen Steinen, die wahrscheinlich in den Kalköfen der Stadt Stralsund zu Brandkalk weiterverarbeitet werden sollten. Brandkalk bildete einen wichtigen

Autor Thomas Förster in Arbeitskleidung nach einem Tauchgang. Im Hintergrund der Forschungskutter SEEFUCHS.

Der massive Spant eines geklinkerten Schiffes deutet auf ein weiteres mittelalterliches Schiffswrack am Gellen hin.

Grundstoff zur Herstellung von Mörtel, der beim Bau der Backsteingebäude von großer Bedeutung war. Im unmittelbaren Bereich der Fundstelle stießen die Forschungstaucher auf einen am Grund freistehenden dreibeinigen Bronzetopf, einen Grapen, und Holzreste einer Schiffskonstruktion. Das Kochgefäß war sogar mit der Lübecker Stadtmarke, einer Art frühen Zertifizierung von hochwertiger Bronze, versehen. Der Grapen und die entdeckte Keramik lassen sich zeitlich in die Wende vom 13. zum 14. Jahrhundert einordnen. Nur einige hundert Meter weiter konnte eine weitere Anhäufung von gotländischen Kalksteinen gefunden werden. Auch hier ist davon auszugehen, dass sich unter der schweren Fracht wahrscheinlich ebenfalls die hölzerne Schiffskonstruktion erhalten hat. Die Wiederauffindung der beiden anderen in dem Bericht von 1966 erwähnten und wahrscheinlich mittelalterlichen Schiffe gelang nicht. Recherchen ergaben, dass eines der Wracks im Flachwasser gelegen hatte und die Teile der Schiffskonstruktion von Badeurlaubern zum Bau ihrer Strandburgen abgebrochen wurden. Eine der Planken gelangte in das Kulturhistorische Museum Stralsund und konnte dendrochronologisch auf die Zeit um 1252 bestimmt werden. Auch das andere Wrack mit den noch in Fässern befindlichen Ladungsresten blieb verschwunden. Möglicherweise war es zum Zeitpunkt der Untersuchungen unter einer Sandbank begraben.

Hinweise zu diesen Steinfrachtern ließen sich im Stralsunder Archiv finden. In Urkunden der Stadt werden im Zusammenhang mit den Ziegeleien und Kalkbrennereien auch Schuten und Prähme erwähnt, die den Brennmeistern gehörten. Diese Fahrzeuge wurden benutzt, um die Kalksteine von größeren Schiffen zu entladen oder auch direkt von den Abbaugebieten an der skandinavischen Küste zu holen. Weiterhin musste auch Brennmaterial zu den Ziegeleien und Kalköfen transportiert werden. Die fertigen Ziegel und der gebrannte Kalk gelangten dann ebenfalls per Schiff nach Stralsund oder in andere Städte. Möglicherweise handelte es sich bei den Wracks vom Gellen um derartige Schuten, die ursprünglich Schiffslängen zwischen zwölf und sechszehn Metern hatten.

Aufschlussreich sind auch Funde, die bei verschiedenen archäologischen Grabungen in Stralsund entdeckt werden konnten. Zwischen Kronlastadie und Frankenvorstadt wurden diverse Teile von abgewrackten Booten gefunden, die für andere Zwecke weiterverwendet worden waren. Dazu gehörten auch die Teile eines kleinen, gut erhaltenen Prahms, der vermutlich im Hafen eingesetzt und dessen Teile nach seiner Außerdienststellung für die Auskleidung eines Kanals benutzt wurden. Auch konnte hier in Hafennähe ein gut erhaltenes Heckruder zur Steuerung eines Schiffes sowie Steven- und Spantenteile gefunden werden.

Bei archäologischen Untersuchungen in der östlichen Einfahrt von Stralsund entdeckte man in den 2010er-Jahren ein aus dem 15. Jahrhundert stammendes Wrack mit einer Kupferladung. Ein Großteil der geborgenen Barren wies verschiedene Marken auf, die Hinweise zur Herkunft des Kupfers geben können. Wrack und Ladung befinden sich nun zur weiteren Auswertung in der Obhut des Landesamtes für Kultur und Denkmalpflege.

Weiteren Aufschluss zum Handel mit Kupfer konnte auch ein weiteres Wrack liefern, dass Taucher des Bundesamtes für Seeschifffahrt und Hydrographie östlich von Rügen entdeckten. Das in größerer Tiefe liegende Wrack enthält ebenfalls eine komplette Ladung Kupfer in Form von runden Kupferscheiben. Aber auch Draht und Rohre aus Kupfer konnten auf dem fast 30 Meter langen Wrack festgestellt werden – zwei wichtige Funde zur Schifffahrt sowie zum Handel der Hansezeit und der Frühen Neuzeit. Die Ergebnisse weiterer Untersuchungen an diesen Wracks werden von den Fachleuten bereits mit großer Spannung erwartet.

Einen anderen wichtigen Aspekt der Nutzung der Gewässer östlich von Rügen vermittelt eine Legende. Neben der Fischerei und dem Transport von Waren spielte auch der Transport von Personen zu Pilgerstätten eine große Rolle. Bei der weit verbreiteten Frömmigkeit im Mittelalter erfreuten sich Wallfahrten einer großen Beliebtheit. Waren Fahrten nach Jerusalem, Rom oder Santiago de Compostela nur einem geringen Teil der Bevölkerung möglich, so fanden regionale Wallfahrtsorte großen Zulauf. Ein Pilgerort an der Südostküste Rügens war Zudar. Dort wurde in der St.-Laurentius-Kirche ein Marienbild verehrt. Dass der Pilgerstrom plötzlich ausblieb, hängt mit einem Schiffsunglück zusammen.

Östlich der Insel Rügen konnten die Forschungstaucher ein Wrack mit einer Kupferladung lokalisieren, das sich vermutlich ins 17. Jahrhundert datieren lässt.

Im Jahre 1372 befand sich ein Schiff mit neunzig Pilgern an Bord auf dem Weg über den Greifswalder Bodden nach Zudar. Beim Palmer Ort geriet es in einen starken Sturm und kenterte – alle Pilger ertranken. Nach diesem Unglück glaubten die Leute offenbar nicht mehr an die Wundertätigkeit des Marienbildes. Die Wallfahrten wurden eingestellt. Bei künftigen unterwasserarchäologischen Untersuchungen könnte der Wahrheitsgehalt dieser Legende überprüft und ein Licht auf die für Pilgerfahrten verwendeten Schiffe geworfen werden.

› *Händler mit verschiedenen Warenarten an Keramik. Darstellung aus der zweiten Hälfte des 18. Jahrhunderts.*

Zerbrechliches Gut – Wohlbewahrt im Meeresgrund

Die Unterwasserarchäologie besitzt für die Geschichtsforschung eine große Bedeutung, da sich gerade organische Materialien wie Holz, Leder und Kleidungsreste hervorragend im Wasser erhalten. Gut abgedeckt im Sand oder im Schlick können sie Jahrtausende überdauern. Solche Bedingungen sind bei archäologischen Grabungen an Land äußerst selten. Vielfach können in dem Fundkomplex eines Schiffswracks auch als Ladung transportierte Waren in großer Zahl und in guter Qualität gefunden werden, die beim normalen Gebrauch sehr kurzlebig waren. Das betrifft zum Beispiel Ladungen aus Glas oder Keramiken. In den vergangenen Jahren wurde immer wieder von der Entdeckung sagenhafter Porzellanladungen auf den asiatischen Handelswegen im Pazifik berichtet. Als Massenware produziert, werden oft zehntausende von unterschiedlichen Gefäßen aus den Wracks geborgen und versteigert. – Doch gab es Schiffe mit derartigen Ladungen auch auf der Ostsee? Wurden auch hier Keramiken als zerbrechliches Gut transportiert?

Die Entdeckung im Nationalpark

Im Sommer 1999 brach der Forschungskutter Seefuchs zu einer mehrwöchigen Forschungsreise zwischen der Insel Rügen und der Küste von Schleswig-Holstein auf. An Bord war ein Team von Archäologen und Forschungstauchern der beiden an der Ostsee gelegenen Bundesländer. Ein Ziel der Expedition bestand darin, Luftbilder im küstennahen Bereich zu überprüfen. Der gesamte Küstenbereich der Ostsee wurde zwanzig Jahre lang durch Otto Braasch, einem der weltweit erfahrensten Luftbildarchäologen, regelmäßig beobachtet. Zwischen den Unterwasserarchäologen und dem Piloten gab es eine enge Abstimmung. Die Archäologen informierten den Piloten über mögliche Untergangspositionen von Schiffen, die diese in den Archiven ermittelt hatten. Otto Braasch sondierte diese Bereiche nun aus der Luft, wobei sich helle sandige Untergründe an der Küste besonders gut für die Wracksuche eigneten. Die Reste gesunkener Schiffe zeichnen sich dort als dunkler Schatten besonders gut ab. Im Libben, dem Seegebiet zwischen der Westküste der Insel Rügen beim Bug und der Nordspitze Hiddensees konnte Braasch fünf derartige Anomalien ausmachen.

Nun waren Tauchuntersuchungen erforderlich, um festzustellen, ob es sich um eine Ansammlung von Steinen, eine Seegraswiese oder ein Wrack handelte. Alle fünf Positionen wurden innerhalb eines Tages durch die Taucher angefahren und bewertet. Die gute Beobachtungsgabe des ehemaligen Starfighter-Piloten bescherte dem Team schließlich Erfolg. Bei vier der Anomalien handelte es sich um Schiffswracks und auf der fünften Position konnten die Überreste der Krananlage für Wasserflugzeuge des ehemaligen Seefliegerhorstes Bug gefunden werden.

Eines der Wracks in nur knapp zwei Metern Tiefe erschien auf den ersten Blick nicht sonderlich interessant zu sein. Das kraweel-gebaute Fahrzeug war durch seine Lage in der Nähe des Ufers durch Brandung und Eisgang stark zerstört worden. Nur der Kielbalken mit sechs Spanten und Reste der Beplankung konnten dokumentiert werden. Taucher der Marine hatten für diesen Bereich bereits von einem stark zerstörten Kutterwrack berichtet. Doch war dieses Schiffsfragment wirklich ein gestrandeter Kutter? Einige Meter neben dem Wrack stießen die Taucher auf einige Scher-

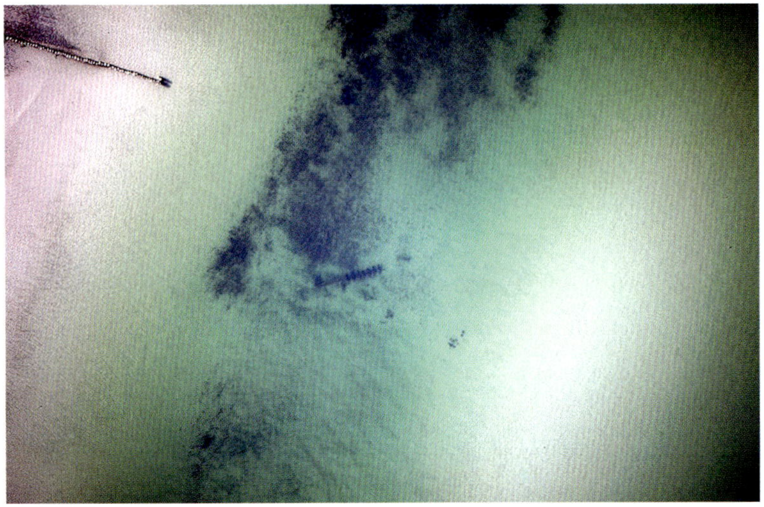

Auf einem Luftbild zeichnet sich im seichten Wasser ein Schiffswrack ab.

ben, die nach ihrer Machart mindestens 200 Jahre alt waren. Damit war klar, dass dort kein Wrack aus jüngerer Zeit lag. Die Fundstelle wurde per Hand vorsichtig freigelegt und es tauchten immer mehr Scherben und fast komplette Geschirrteile auf. Auf einer Fläche von einem Quadratmeter wurden Teile von 30 Gefäßen geborgen. Zur genaueren Datierung des Fundes wurden Holzproben von der Schiffskonstruktion entnommen und die geborgene Kollektion der unterschiedlichen Keramikgefäße genutzt. Die Auswertung der Jahresringmuster der Holzproben erbrachte eine Erbauungszeit des Schiffes nach 1712.

Heiko Schäfer, ausgewiesener Keramikspezialist am heutigen Landesamt für Kultur und Denkmalpflege, begutachtete die mitgebrachten Scherben. Seine Expertise lautete, dass die Stücke um 1750 im östlichen Norddeutschland gefertigt wurden. Im Juli 2000 fand eine erneute Expedition zu dem Wrack statt. Ausgerüstet mit Saugrohren für eine Unterwassergrabung wollten die Archäologen

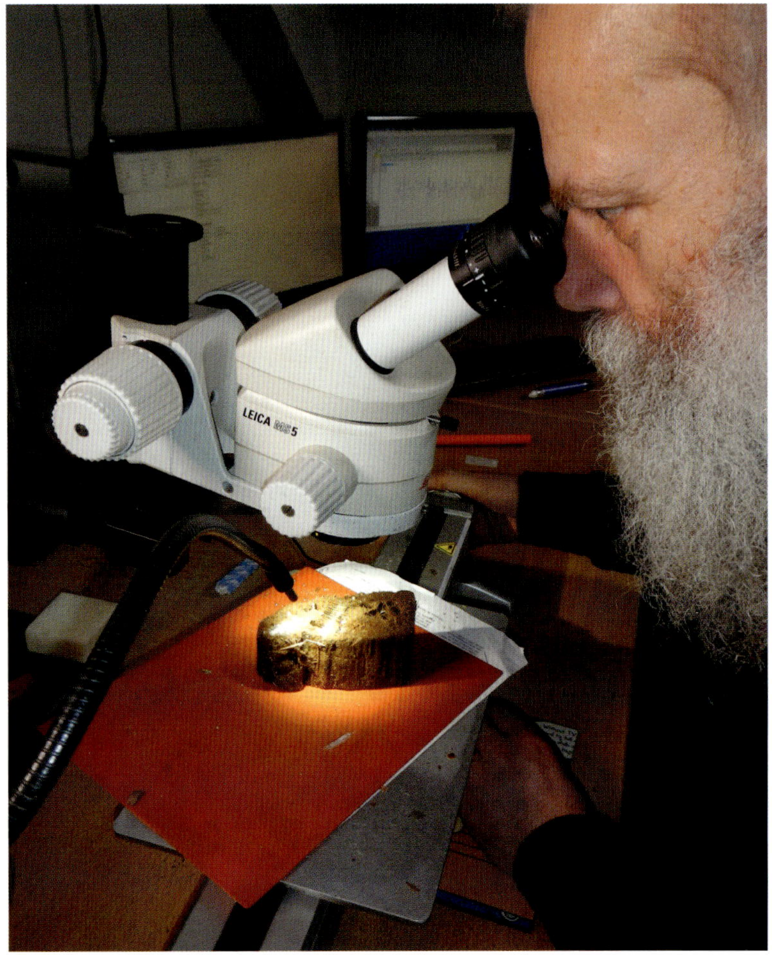

Untersuchung von Holzproben zur Datierung eines Wracks.

das Wrack und das umliegende Areal teilweise freilegen, um nachzuweisen, dass dieses Schiff tatsächlich eine Keramikladung mit sich führte. Zuerst wurden die Wrackreste vom Sand befreit. Es zeigte sich, dass hier ein kleineres Schiff gesunken war. Möglicherweise handelte es sich nach den Dimensionen um eine Jacht, das waren im

Kunstvoll verzierte Teller. Gefunden zwischen dem Rügener Bug und der Nordspitze Hiddensees.

Ostseeraum kleinere einmastige Schiffe mit einem Ast und Gaffelsegel, die im ausgehenden 17. Jahrhundert aufkamen. Innerhalb der Reste des Schiffskörpers befanden sich keine Fundstücke. Dessen Lage deutete jedoch darauf hin, dass das Schiff beim Untergang zerschlagen worden und die Ladung aus dem Frachtraum gerutscht war. Die Grabung erfolgte anschließend auch neben dem Wrack, in dem Bereich, in dem schon im Vorjahr die Entdeckung der Keramikkonzentration gelang. Hier legten die Taucher mit ihrer Grabungstechnik Vorratstöpfe in allen Größen, aber auch Schalen, Tiegel und kunstvoll verzierte Teller frei.

Obwohl die Gefäße außenbords gefallen waren, lagen sie noch in Stapeln sicher im schützenden Sand eingebettet. Die Grabung erbrachte den Beweis, dass hier ein Schiff mit einer kompletten Ladung unterschiedlichster Töpferwaren gestandet war. Es handelte sich zwar nicht um chinesisches Porzellan, aber um eine ebenfalls sehr hochwertige und kunstvolle Gebrauchskeramik. Das auf Prüfungen von archäologischen Materialien spezialisiertem Berliner Rathgen-Forschungslabor bot Unterstützung bei der weiteren Untersuchung der Gefäße an. Feine Scheiben der Keramik, sogenannte Dünnschliffe, wurden unter dem Mikroskop auf ihre mineralische Zusammensetzung untersucht. Durch diese Methode ließen sich die Standorte der Töpfereien für das Odergebiet und die Region von Hinterpommern bestimmen. Neben dem Wrackfund belegen auch verschiedene Akten aus dem Stadtarchiv Stralsund den Handel von Keramiken über See. Eine genaue namentliche Identifizierung des Schiffes gelang allerdings bislang noch nicht.

Mineralwasser und englische Keramik – Ein Fund in großer Tiefe

Neben dem regional begrenzten Handel im 18. Jahrhundert wurden ab 1800 bereits im großen Stile Töpferwaren über die Ostsee verschifft, die schon in Massenfertigung aus den Töpfereien des Rheinlandes und Westerwaldes sowie englischen Steingutmanufakturen stammten. Taucher des Bundesamtes für Seeschifffahrt und Hydrographie entdeckten nördlich der Insel Rügen in größerer Tiefe ein Wrack, das tief im Schlick eingesunken war. Aufbauten und Masten ließen sich nicht mehr feststellen, da diese von Grundschleppnetzen regelrecht »abrasiert« worden waren. Es fiel aber auf, dass im Bereich des entdeckten Wracks einige Tonflaschen aus dem Grund ragten.

Das Team von Unterwasserarchäologen macht sich fertig zum Tauchgang zu dem in größerer Tiefe liegenden Wrack.

Einzelne, aus dem Grund ragende Mineralwasserflaschen deuten auf die Hauptladung des Schiffes hin.

Prägung einer Steingutflasche.

»Englische Ware«. Das englische Steinzeug trägt die Marke »Asiatic Plants«.

Der Fund wurde den Unterwasserarchäologen mitgeteilt, die die Fundstelle kurze Zeit darauf inspizierten. Es zeigte sich, dass die Hauptladung aus diesen Flaschen bestand, die verkorkt noch verschiedene Mineralwassersorten enthielten. Das Steinzeug fand sich in Stroh gepolstert und in Körben verstaut. Nach der ursprünglichen Größe des Schiffes zu urteilen, musste es wohl Zehntausende dieser Flaschen transportiert haben. Prägestempel bezeichneten die Brunnen, aus denen das Wasser stammte: *FACHINGEN; ROISDORF bei COELN – Rhein Preussen; EMSER KRAENCHES WASSER – H(erzogtum) N(assau), SELTERS – HERZOGTHUM NASSAU* und *EMSER KESSELWASSER – H(erzogtum) N(assau).*

Aus einem Teil dieser Brunnen wird noch heute Wasser gefördert und verkauft. Die Steinzeugflaschen kamen in Größen von einem und einem halben Liter vor. Einzelne eingeritzte Buchstaben- und Zahlenkombinationen gaben Hinweis auf die Töpfereien. Aufgrund dieser Herstellermarken ließ sich feststellen, dass die Flaschen aus den Orten Baumbach, Ransbach und Hilscheid im Westerwald stammten. Sie waren noch mit der Hand gedreht, aber in ungeheuren Zahlen produziert worden. Pro Brand befanden sich damals bis zu 10 000 Flaschen in einem Ofen. Produktionszahlen belegen, dass 1846 in den Töpfereien des Westerwaldes fast 2,6 Millionen Stück produziert wurden.

Viele der Fundstücke waren noch mit ihrem Korken versehen, der mit einem Brandstempel, einem Stern, verziert, ebenfalls den Namen des Brunnes enthielt. Im Wrack wurden darüber hinaus zahlreiche kleine braune Blättchen gefunden, die belegen, wie aufwendig die Flaschen verschlossen worden waren. Nachdem man sie verkorkt hatte, wurden sie am Hals mit einem Lederstück verschlossen, dass man durch das Eintauchen in Kolophonium, einem Baumharz, versiegelte. Bei den gefundenen Blättchen handelte es sich um die Reste dieses Stoffes. Die Analyse des Inhaltes verschiedener Flaschen im Schweriner Hygiene-Institut zeigte, dass sich teilweise noch das ursprünglich abgefüllte Wasser darin befand.

In einem Teil des Laderaumes entdeckten die Archäologen auch eine andere feine weiße Keramik, die mit einem kunstvollen Dekor verziert war. Es handelte sich um Teller, Schalen, Schüsseln, Terrinen, Platten und Kellen. Auf dem Boden verschiedener Gefäße befand sich der Schriftzug *Asiatic Plants*. Hatten die Forschungstaucher hier Porzellan entdeckt? Bei einer genauen Inaugenscheinnahme zeigte sich, dass die Scherben relativ dick und keineswags wie Porzellan beschaffen waren. Das Schiff transportierte also auch englische Keramik! Diese, dem teuren Porzellan nachempfundene, Keramik war durch Josiah Wedgwood um 1768 entwickelt worden. Der aus einer Töpferfamilie stammende Wedgwood verfeinerte das Steingut so weit, dass es große Ähnlichkeit zum Porzellan aufwies. Er ahmte Motive des chinesischen Porzellans nach, entwickelte aber auch eigene Dekore, die nicht mehr per Hand aufgemalt werden mussten, sondern mit einem speziellen Umdruckverfahren auf die Keramik übertragen wurden. Im 19. Jahrhundert wurde die »englische Ware« in großer Zahl von verschiedenen Fabriken in England hergestellt. Durch die gute Qualität und den günstigen Preis entwickelte sich das Steingut zu einem Exportschlager. Vielfach wurden Services auch von den Seeleuten mitgebracht. Die in den englischen Manufakturen ebenfalls produzierten Keramikfiguren, wie die berühmten »englischen Hunde«, erfreuten sich damals großer Beliebtheit.

Mithilfe der Mineralwasserflaschen sowie der englischen Keramik lässt sich der Untergang dieses Schiffes in die Zeit zwischen 1835 und 1845 einordnen. Neben den Keramiken transportierte das Frachtsegelschiff auch Trinkgläser, Karaffen und Schalen aus hochwertigem Glas, Flaschen und vermutlich auch einige Fässer Wein.

Aufgrund der Zusammensetzung der Ladung und der Lage des Wracks kann vermutet werden, dass dieses Schiff seine Waren in einem der Nordseehäfen übernommen hatte und die recht hochwertige Fracht für einen der östlichen Ostseehäfen bestimmt war.

Ein Großteil der Flaschen ist noch verkorkt. Entnommene Proben ermöglichten die Analyse des Inhalts.

Das Leuchtfeuer am Gellen im Süden der Insel Hiddensee.

Gescheitert zwischen Dornbusch und Gellen – Seeunfälle vor Hiddensee

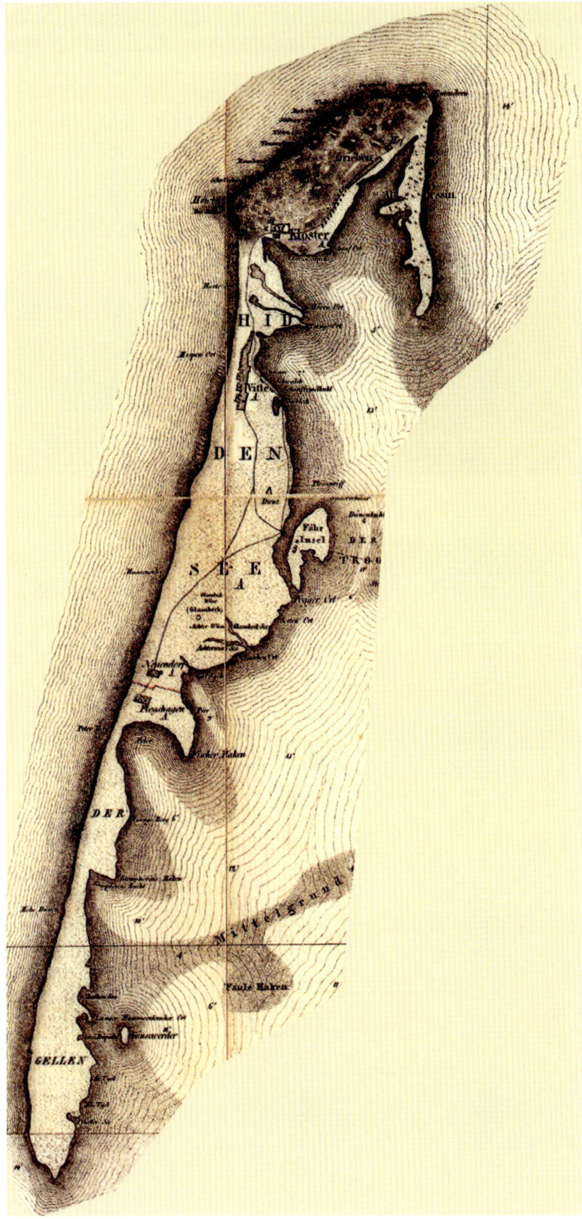

Die annähernd 17 Kilometer lange Insel Hiddensee liegt wie ein Riegel vor der Westküste der Insel Rügen. Dem glazial geprägten Hochland der Insel, dem Dornbusch, schließen sich mit dem Bessin und einer bis zum südlich gelegenen Gellen verlaufenden Heide und Dünenlandschaft Sandhaken an, die durch Abtragungs- und Anladungsprozesse der Küstendynamik entstanden sind. Aber nicht nur die Küste verändert hier schnell ihr Aussehen, sondern auch die vorgelagerten Sandbänke variieren ständig in ihrer Lage. Der westliche Seeweg nach Stralsund führt schon seit Jahrhunderten am Gellen vorbei. Das Seegebiet wurde ebenfalls als Reedeplatz genutzt, auf dem für Stralsund bestimmte Waren durch kleinere Leichterfahrzeuge von großen Schiffen übernommen wurden, die den komplizierten Weg durch den Strelasund scheuten. Aber auch der von West nach Ost führende Seeverkehr traf auf die Insel, da der 72 Meter hohe Höhenzug am Dornbusch ein wichtiger Peilpunkt für die küstenorientierte Navigation darstellte.

Die komplizierten Verhältnisse vor der Insel machen diese Region zu den gefährlichsten Gegenden der südlichen Ostseeküste. Allein für die Zeit von 1760 bis zum heutigen Tage konnten durch Archivrecherchen 121 Schiffshavarien ermittelt werden. 65 der verunfallten Schiffe waren Totalverluste, 40 konnten geborgen werden und von 16 gestrandeten Schiffen fehlen bislang Informationen zu

➤ *Historische Karte von Hiddensee, Friedrich von Hagenow, 1829.*

^ *Die gefährliche Engstelle zwischen Gellen (links) und der Insel Bock, 2011.*

^ *Leuchtturm auf dem Dornbusch mit Signalmast. Historische Postkarte.*

deren weiteren Verbleib. Allerdings stellen diese Zahlen nur eine Momentaufnahme dar. Vom Mittelalter bis in die zweite Hälfte des 17. Jahrhunderts sind nur bruchstückhaft Hinweise zu Seeunfällen überliefert. Aber auch die Zunahme der Schriftlichkeit führte dazu, dass Akten zu Seeunfällen nach einer bestimmten Zeit vernichtet wurden. Die Zahl der tatsächlich vor Hiddensee gesunkenen Schiffe ist daher um ein Vielfaches höher anzusetzen.

Die häufigste Unfallursache war die Strandung. Vielfach gerieten die Schiffe auf die sich ständig verändernden Sandbänke oder auf Legerwall, bei dem das Fahrzeug u.a. vom Wind aufs Land gedrückt wurde. Der sandige Grund, der den Ankern nur schlecht Halt bietet, wurde den Schiffen zusätzlich zum Verhängnis. Ebenfalls kam es vor, dass plötzlich aufkommende Stürme aus westlichen Richtungen die Schiffe trotz ausgebrachter Anker auf den Strand trieben. Aber auch bei Havarien auf See sahen die Besatzungen häufig nur noch in der Strandung eine Chance, um ihr Leben und mit viel Glück auch Teile der Ladung und das Schiff zu retten. Solche Fälle wurden durch Schäden am Schiff aber auch durch Erschöpfung und Verletzungen der meist minimal gehaltenen Besatzungen ausgelöst. Die harten Bedingungen an Bord konnten aber auch zur Meuterei der Besatzung führen. In einem Fall verunglückte ein Schiff vor Hiddensee durch die Arbeitsverweigerung der Mannschaft. Häufig sprangen die hölzernen Schiffe auch in starken Stürmen leck und waren mit den Pumpen nicht mehr über Wasser zu halten. Plötzlich aufkommendes Eis führte vor Hiddensee ebenfalls mehrfach zum Verlust von Schiffen, die regelrecht zerschnitten oder zerdrückt wurden. Zahlreiche Eintragungen im Kirchenbuch von Hiddensee belegen unbemerkte Seeunfälle, bei denen nur noch die Leichen von Seeleuten an den Strand gespült wurden. So kommt es nicht von ungefähr, dass sich auf der zwischen 1610 und 1618 entstandenen Lubinschen Karte der lateinische Hinweis findet: *Littus multis naufragiis famosum (Durch viele Schiffbrüche berüchtigte Küste).*

Zur Minderung der Gefahren für die Schifffahrt wurden bereits seit dem Mittelalter Seezeichen aufgestellt. Tonnen wiesen den Weg nach Stralsund; 1306 signalisierte die bereits erwähnte Luchte am Gellen den Schiffen mit ihrem Leuchtfeuer. Der Name des 72 Meter hohen Bakenbergs auf Hiddensee belegt, dass dort ebenfalls ein Seezeichen aufgestellt war. Das Leuchtfeuer auf dem Dornbusch ging 1888 in Betrieb und 1907 folgte das Quermarkenfeuer auf dem Gellen.

Es wird vermutet, dass die auf der Insel Hiddensee ansässigen Zisterziensermönche einst eine wichtige Rolle bei der Hilfe aus Seenot spielten. Es ist aber auch davon auszugehen, dass die Bewohner der Insel Schiffbrüchigen Hilfe leisteten, da sie als Seeleute und Fischer mit den Gefahren der See vertraut waren und in Notsituationen selbst Hilfe sehr geschätzt hätten. Ab der zweiten Hälfte des 19. Jahrhunderts gab es an der pommerschen Küste und somit auch für Hiddensee Bestrebungen, das Seenotwesen zu fördern und zu organisieren. Vom 29. März bis zum 12. Mai 1854 wurde zwischen der zuständigen Stelle der Königlichen Regierung zu Stralsund und dem Provisoriat des Klosters zum Heiligen Geist über die Errichtung eines hölzernen Schuppens zur Aufnahme eines Manby-Mörsers auf dem Gelände des Gutshofes in Kloster verhandelt. 1866 war die Station Kloster inklusive eines Rettungsbootes fester Bestandteil des Neuvorpommersch-Rügenschen Vereins zur Rettung Schiffbrüchiger. 1876 erfolgte die Ausrüstung mit einem wirksameren Leinenraketengerät. Der Verein, der 1868 in der Deutschen Gesellschaft zur Rettung Schiffbrüchiger aufging, konnte bis zum heutigen Tage zahlreiche Menschen aus der Seenot retten.

Durch die Untersuchungen wurden bislang 19 versunkene Schiffe vor Hiddensee dokumentiert. Die Prozesse der Küstendynamik führen auch hier dazu, dass Wracks in kurzer Zeit von meterdicken Sedimentschichten bedeckt werden, unter denen sie teilweise in einem sehr guten Zustand überdauern können. Die Überwachung vor Ort stellt sicher, dass diese Wracks entdeckt und untersucht werden können, wenn sie durch Strömung und Brandung freigelegt werden.

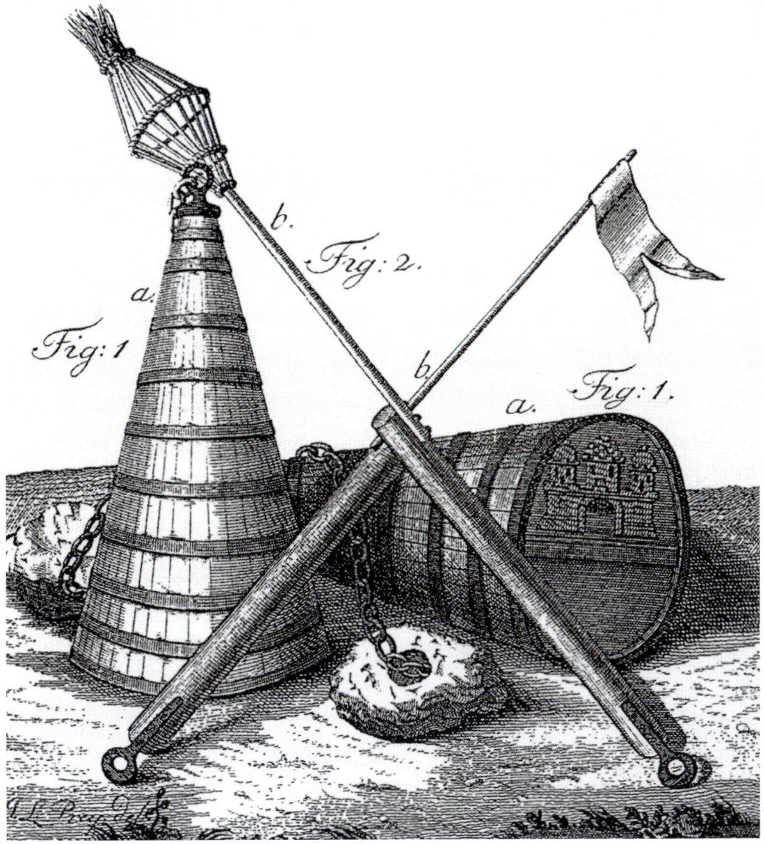

Historische Darstellung von hölzernen Tonnen und Baken, 1751.

Das Gellenwrack – Ein Schiffsfund narrt die Wissenschaft

1996, dreißig Jahre nach den Untersuchungen der Arbeitsgruppe für Unterwasserforschung, wurde die Küste vor Hiddensee mit dem Forschungskutter SEEFUCHS angelaufen. Für die Sondierungen im ufernahen Bereich kam ein Schlauchboot zum Einsatz. Die vorherrschenden östlichen Winde boten hervorragende Bedingungen für die Suche. Das Wasser war kalt aber sehr klar, sodass innerhalb kürzester Zeit am Gellen fünf dunkle Verfärbungen im zwei bis vier Meter tiefen Wasser ausgemacht werden konnten, die sich deutlich von dem umliegenden sandigen Grund abhoben. Teilweise ließen sich schon von der Oberfläche aus Strukturen wie Spanten und Planken erkennen. Bei jeder Sichtung einer Anomalie legten die Taucher ihre Ausrüstung an und nahmen die dunklen Flecken auf dem Sand in Augenschein. So gelang innerhalb von nur zwei Stunden die Entdeckung von vier hölzernen und einem eisernen Schiffswrack in dem Gebiet.

Eines erwies sich als besonders interessant. Das Schiff war aus massiven Hölzern in der Klinkerbautechnik gefertigt worden, die typisch für den Bau von großen Schiffen des Mittelalters war. Auf dem Wrack lagen noch zahlreiche grüngraue Steinplatten, die Reste einer ursprünglichen Ladung waren. Die weiteren Untersuchungen konzentrierten sich auf das Wrack und es konnten auf und neben der noch erhaltenen Rumpfschale mittelalterliche Keramikscherben, ein Bleilot und ein fast kompletter dreibeiniger Bronzetopf, ein sogenannter Grapen, gefunden werden. Die erkennbare Schiffskonstruktion und die Funde deuteten darauf hin, dass hier ein mittelalterliches Schiff gesunken war. Von der aus Kiefernholz bestehenden Konstruktion wurden Proben genommen, die das Dendrochronologielabor des Deutschen Archäologischen Instituts in Berlin in die Zeit zwischen 1378 und 1394 datierte. Die archäologischen Beobachtungen konnten schließlich durch die naturwissenschaftliche Analyse bestätigt werden. Allerdings stellte sich auch heraus, dass die Hölzer stark durch die Pfahlbohrmuschel, die auch als Schiffsbohrwurm bezeichnet wird, befallen waren. Im damaligen Landesamt für Bodendenkmalpflege, dem heutigen Landesamt für Kultur und Denkmalpflege, fiel die Entscheidung, dass eine weitere Erhaltung des Wracks nur durch eine Bergung und Konservierung an Land sicherzustellen sei.

Im Sommer 1997 kehrten die Unterwasserarchäologen zu dem Wrack zurück, dokumentierten es aufwendig und zerlegten es Stück für Stück am Meeresgrund. Die sehr massiven Spanten und Planken wurden mit der Unterstützung durch Taucher der Deutschen Marine vom Meeresgrund geborgen. Die Dimensionen des Wracks deuteten darauf hin, dass hier am Gellen ein über 30 Meter langes Schiff gesunken war, das ursprünglich eine Ladung von bis zu 150 Tonnen transportieren konnte.

Dieser Fund rief das Interesse der Kollegen aus dem Ostseeraum hervor. Der Däne Ole Crumlin-Pedersen – der in Fachkreisen auch »Papst der nordeuropäischen Schiffsarchäologie« genannt wurde – zweifelte an, dass es sich bei einem derartig großen Schiff um ein mittelalterliches Fahrzeug handeln kann. Er besuchte die Bergung vor Hiddensee, überprüfte kritisch die heraufgebrachten Teile und stellte an den Hölzern noch sehr urtümliche Bearbeitungsspuren fest. Die Planken waren durch das tangentiale Aufspalten der Kiefernstämme gewonnen worden. Nachträglich hatte man sie mit Beilen geglättet.

Durch das **Spalten des Holzes** erhält man sehr lange und elastische Planken. Diese Art der Bearbeitung folgt – im Gegensatz zum Sägen – dem natürlichen Faserverlauf des Holzes. Jedoch sind bei diesem Verfahren viele Reststücken nicht mehr für den Bootsbau nutzbar, sodass sich das effektivere Sägeverfahren zunehmend durchsetzte. Die Beobachtung des Spaltverfahrens, das im Schiffbau von kleineren Schiffen nur noch bis ins 16. Jahrhundert gebräuchlich war, bewegte Ole Crumlin-Pedersen dazu, der Datierung der Dendrochronolgen zu folgen.

Die Bergung des Wracks wurde in hundert Tagen abgeschlossen. Neben den Steinplatten konnten noch weitere mittelalterliche Bronzegefäße und Keramikscherben gefunden werden. Allerdings wurden neben dem Wrack auch zwei Zinnlöffel und das Bruchstück eines tönernen Topfes entdeckt, die sich anhand von Marken und ihrer Form ins ausgehende 18. Jahrhundert einordnen ließen. Aufgrund der sicheren Dendrodatierung und der zahlreichen mittelalterlichen Artefakte wurden diese Fundstücke einem möglichen Bergungsversuch zugeschrieben, der vierhundert Jahre nach dem Untergang des Schiffes stattgefunden haben könnte. Von der schweren Fracht öländischer Kalkplatten waren nur noch wenige auf dem Wrack vorhanden, was die These vorerst stützte. Die geborgenen Schiffsteile wurden anschließend aufwendig gezeichnet und konserviert, eine umfassende Studie fasste die Untersuchungsergebnisse zusammen.

Schließlich geriet der Schiffsfund von Hiddensee in den Fokus der Politik. Nachdem der damalige Bundeskanzler Helmut Kohl in Schwerin ein Bruchstück von einer der Kalkplatten mit einem Fossil erhalten hatte, wählte die Landesregierung Mecklenburg-Vorpommerns das Wrack als Ausstellungsstück für die EXPO 2000 in Hannover aus.

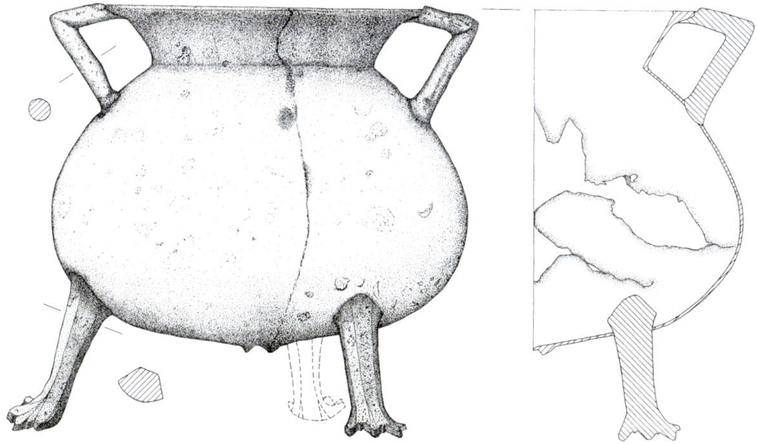

Zeichnung eines Grapen. Die Kochgefäße wurden z.T. aus Bronze hergestellt und konnten direkt in die Glut eines offenen Feuers gestellt werden.

Fotomosaik des Gellenwracks in originaler Fundlage.

Die SEEFUCHS *diente den Unterwasserarchäologen vor Hiddensee als Forschungsschiff und Arbeitsplattform.*

Im Sommer 2011 geriet das Wrack – es war mittlerweile in das provisorische Museum für Unterwasserarchäologie im alten Sassnitzer Fährterminal gelangt und fristete dort seit 2006 nach der Schließung des Museums in einer Nische ein unbestimmtes Dasein – jedoch erneut in die Schlagzeilen. Bei einer nochmaligen Untersuchung von Holzproben in einem dänischen Dendrochronologielabor wurde ermittelt, dass die Hölzer zum Bau des Schiffes vom Gellen erst im ausgehenden 18. Jahrhundert gefällt worden waren. War das Wrack nun 600 oder 200 Jahre alt? Die C14-Analyse sollte sicheren Aufschluss bringen. Das renommierte Leibniz-Labor für Altersbestimmung und Isotopenforschung in Kiel erhielt eine Probe der Tierhaare, die beim Bau als Bestandteil des Kalfatmaterials verwendet worden waren. Es teilte mit, dass mit einer Wahrscheinlichkeit von annähernd 50 Prozent das Material aus der Zeit zwischen 1731 und 1786 stammte.

Wie war es möglich, dass dieser Wrackfund vom Gellen die Wissenschaftler so narren und täuschen konnte? In der Regel werden Wrackfunde aufgrund der Ladung, des Schiffsinventars und der Konstruktion des Fahrzeuges datiert. Neben Münzen und Kanonen mit Jahreszahlen lassen sich z.B. auch Keramikgefäße und Flaschen aufgrund einer regelmäßigen Änderung ihrer Form zeitlich gut einordnen. Auf und in der unmittelbaren Nähe des Gellen-

»Een Finde Skude« unter Segel. Stich um Ende des 18. Jahrhunderts.

wracks konnten vier mittelalterliche Bronzetöpfe gefunden werden, von denen einer mit einer Marke der Hansestadt Lübeck versehen war, die sich auf 1354 bestimmen ließ. Ebenfalls gehörten zum Fundspektrum die Fragmente von acht mittelalterlichen Keramikgefäßen. Aber auch die Steinplatten der Ladung entsprachen durchaus Formaten, die im Mittelalter Verwendung fanden.

Neuere Untersuchungen infolge der Datierung ins 18. Jahrhundert lieferten überraschende Ergebnisse: Die Hölzer waren in Finnland gefällt und dort wahrscheinlich auch das Schiff gebaut worden. Anscheinend hatten sich in einer begrenzten Region Schiffbautraditionen erhalten, die eher für das Mittelalter typisch gewesen waren. In dem Buch »Architectura Navalis Mercatoria« des schwedischen Schiffbaumeisters Fredrik Henrik af Chapman ließen sich zahlreiche detaillierte Schiffbaupläne finden – u.a. auch eine sogenannte »Finnskuta« (finnische Schuten). Der Riss des Schiffes wies eine große Ähnlichkeit zu den rekonstruierten Dimensionen des Gellenwracks auf. Weiteren Aufschluss gab ein alter Stich, der sich in St. Petersburg fand.

Das Keramikgefäß sowie die Zinnlöffel stammten eindeutig aus dem ausgehenden 18. Jahrhundert. Das mittelalterliche Fundmaterial gehörte vermutlich zu einem älteren Schiff, das in unmittelbarer Nähe gesunken war, und entweder durch Wellen und Brandung komplett zerstört wurde oder unter einer Sandbank noch auf seine Entdeckung wartet. Die freigespülten Funde wurden vermutlich durch die starke Strömung in das wesentlich jüngere Wrack transportiert. Die Steinplatten auf dem Wrack wiesen Formate auf, wie sie im Mittelalter genutzt, aber auch noch bis ins 19. Jahrhundert üblich waren. Die komplizierte Vermischung von zwei Fundkomplexen aus unterschiedlichen Seiten war nur schwer zu deuten. Erschwerend kam hinzu, dass die naturwissenschaftliche Datierung ein fehlerhaftes Ergebnis lieferte.

Noch konnte das rätselhafte Schiff am Gellen nicht namentlich identifiziert werden, jedoch scheint dies aufgrund vorhandener Akten im Stralsunder Archiv nicht ausgeschlossen.

Das Wrack wurde 1997 zur Bergung demontiert und in Einzelteilen an die Oberfläche befördert.

Gellenwrack

Herkunft:	vermutlich Finnland
Schiffstyp:	vermutlich Finnskuta (Finnische Schute)
Erbaut:	um/nach 1777
Bauweise:	geklinkert, Kiefer
Material:	Kiefernholz
Verbleib:	Vermutlich um 1900 vor Hiddensee am Gellen gestrandet.
Länge, Breite:	17 m (26–28 m rekonstruierte Länge)/4 m (8 m)
Antrieb:	Segel
Einsatzradius:	Ostsee
Bemerkung:	Die ursprünglich Datierung auf um 1378 musste nach erneuter Dendrodatierung und C14-Analyse in das ausgehende 18. Jahrhundert korrigiert werden.

Gesine
Papenburg
POGORIA

Das Ende der Emdener Schmack Regent Door Zee

In den Verklarungsakten des Stadtarchivs der Hansestadt Stralsund wird für das Jahr 1783 von einer dramatischen Strandung vor Hiddensee berichtet. Der aus Emden stammende Schiffer Jan Albert Venster schilderte darin die Fahrt seines mit Ballast beladenen Schiffes, der Schmack Regent Door Zee, von Marsstrand nach Stettin.

Das Schiff geriet am 6. August 1783 in einen schweren Sturm, in dem die Schmack im Seegang viel Wasser nahm. Der Hinweis, dass die aus dem Steuermann und dem Koch bestehende Besatzung beständig Sand pumpte, deutet daraufhin, dass der aus Sand bestehende Ballast durch das eingedrungene Wasser in die Pumpe geschwemmt worden war. Der Sturm nahm zum 7. August derart zu, dass die Schmack von Moen bis nach Hiddensee getrieben wurde. Das Schiff hatte alle Segel bis auf die Kliefock gerefft, sodass sie sich vom nahen Land nicht freisegeln konnte. Der Versuch, einen Anker zu setzen, misslang. Der Schiffer musste am Ruder stehen und der Steuermann hatte sich im Sturm eine Hand schwer verletzt. Zum Ausbringen des Ankers waren jedoch zwei Männer erforderlich. Der weitere Verlauf der Strandung wurde durch den Schiffer wie folgt geschildert: *Um halb ein Uhr kamen wir auf den Strand und das Schiff war mit einmal von unten in Stücken und gleich voll mit Wasser. In der Zeit von 2 Stunden war das Schiff 2 1/2 Fuß in den Sand gewühlt.* Bei dem durch die Strandung entstandenen Leck drang Wasser in den Schiffsraum ein. Der Ballast durchmischte sich mit dem anstehenden Sand, sodass das Schiff durch sein Eigengewicht sowie durch Wellen und Strömung in das Sediment eingespült wurde. Vom 8. bis 13. August barg die Besatzung *den großen Mast* und *das beste Gut*, woraus man auf die völlige Aufgabe der Schmack schließen kann.

◂ Die Schmack Gesine von Papenburg bei der Sail in Bremerhaven, 2015.

Die Strandungsstelle ist in dem Bericht nur ungenau angegeben, aber das Untergangsdatum, der beschriebene Schiffstyp und der Unfallhergang gaben die Möglichkeit zu prüfen, ob es sich bei einem der bereits vor Hiddensee entdeckten Schiffswracks, um das der Schmack Regent Door Zee handeln könnte.

Schmack	**Regent Door Zee** (Herrscher der See)
Herkunftsland:	Deutschland
Heimathafen:	Emden
Kapitän:	Jan Albert Venster
Besatzung:	1 Kapitän, 1 Steuermann, 1 Koch
Verbleib:	Am 7.8.1783 vor Hiddensee gestrandet.
Länge, Breite:	21,5/5,6 m
Antrieb:	Segel
Einsatzradius:	Handelsschiff im Bereich der Nord- und Ostsee

Den Unterlagen von Karl Ebbinghaus, dem ehemaligen Leiter des Heimatmuseums auf Hiddensee, war zu entnehmen, dass sich vor dem Badestrand zwischen Kloster und Vitte im Flachwasser ein Schiffswrack befand. Entdecker war ein Herr Wolf aus Berlin, der seinen Fund am 9. Juli 1966 an Ebbinghaus meldete. Mitarbeiter des Museums überprüften das Wrack und vermuteten, dass es sich um die 1909 gesunkene Galeaß Sophie handeln könnte. 1990 sichtete der Hiddenseer Lehrer und Sporttaucher Jörg Rosin die Unterlagen im Museum und wurde erneut auf das Wrack aufmerksam, dass vor dem sogenannten Harten Ort lag. Dieser Flurname ist in älteren Kartenwerken, wie der Schwedischen Matrikelkarte von 1695, noch nicht enthalten und kann durchaus ein Hinweis auf die Strandung auf »hartem Grund« bzw. auf das Wrack als Hindernis für die Netzfischerei sein.

Rosin organisierte im Sommer 1992 auf Hiddensee ein Tauchcamp, von dem aus durch den Verein für Unterwasserarchäologie Mecklenburg-Vorpommern e.V. unter Beteiligung der Deutschen

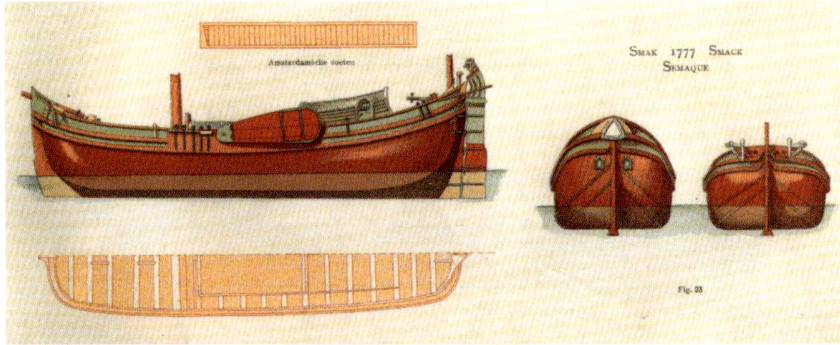

Holländische Schmack von 1777, nach G. Kragt, gezeichnet von E. van Konijnenburg, 1913.

Gesellschaft zur Förderung der Unterwasserarchäologie e.V. das Wrack und noch drei weitere Schiffsfunde im Norden der Insel Hiddensee genau dokumentiert wurden. Der kraweel beplankte Schiffskörper des ersten Wracks bestand aus Eichenholz, war tief in den Sand eingespült und dadurch sehr gut erhalten. Die Schiffsenden waren stark gerundet und die vom Sand befreiten Teile des Schiffes deuteten darauf hin, dass es sich um ein Plattbodenschiff handeln könnte. Bei der Grabung konnten im Schiff Reste einer eisernen Kiste festgestellt werden, aus deren Umfeld verschiedene Funde geborgen werden konnten, die möglicherweise in ihr lagerten. Es fanden sich ein Zinnlöffel mit der Aufschrift *LONDON* und einer ovalen Meistermarke mit einem *W*. Die Marke *LONDON* lässt sich in das ausgehende 18. Jahrhundert datieren und steht für eine sehr reine Zinnlegierung. Ebenfalls im Bereich der Kiste konnte eine eiserne Schere gefunden werden. Vermutlich diente sie zum Stutzen des Bartes, worauf noch an ihr haftende Haare hindeuteten. Weiterhin wurde das Spundküken eines Zapfhahnes, der Kupferdeckel einer Kanne und eine Kanonenkugel zutage gefördert. Gefundene Bleistreifen deuten auf eine Verglasung wie Schiffsfenster oder ähnliches hin.

Aufschluss zur Datierung des Fundes lieferte eine ganze Kollektion an unterschiedlichen Keramikgefäßen, so z.B. eine Ohrenschüssel, die nach ihren charakteristischen, ohrenähnlichen Henkeln benannt wurde. Derartige Gefäße wurden meist im westlichen Norddeutschland gefertigt. Aus den Niederlanden stammte eine weitestgehend erhaltene Schüssel. Sie erinnert an eine große Tasse und wird in den Niederlanden als Plooischotel oder Faltschüssel bezeichnet. Ein vollständig erhaltenes flaches Gefäß bezeichnete man damals, entsprechend ihres Gebrauchszwecks, als »Warmbierschüssel«. Das Fragment eines Tellers trägt eine Glasur mit Rankendekor auf grünem Untergrund. Die Keramiken wurden nach ihrer Machart vermutlich alle im Niederrheingebiet hergestellt und lassen sich aufgrund ihrer Form in die zweite Hälfte des 18. Jahrhunderts datieren. Aufgrund des Alters des Fundmaterials und der Beschaffenheit des Schiffskörpers kann eindeutig ausgeschlossen werden, dass es sich bei dem Wrack um die Galeaß SOPHIE handelte, die am 29. Juli 1909 vor Vitte strandete.

Mit dem Wrack vom Harten Ort konnte ein plattbodiges Segelfahrzeug lokalisiert und untersucht werden. Der Schiffsfund vor Hiddensee belegte einen in der niederländischen Schiffbautradition gefertigten Fahrzeugtyp, der in großer Zahl die Küstengewässer der Nord- und Ostsee befuhr. Die Datierung des Wracks in die zweite Hälfte des 18. Jahrhunderts und ein für dieses Seegebiet vorliegender Havariebericht deuteten darauf hin, dass es sich bei dem Wrack um die am 7. August 1783 gestrandete Schmack REGENT DOOR ZEE aus der schleswig-holsteinischen Hafenstadt Emden handeln könnte. Neben der Datierung und der Schiffsform, die durchaus einer Schmack entspricht, weist auch die Wracklage Parallelen zum Strandungsbericht auf. Der Schiffskörper ist tief eingespült und nach einer Probesondierung mehr als 1,5 Meter im Sediment bewahrt worden. Im Laderaum konnten lediglich Sand, jedoch keine Überreste einer möglichen Ladung gefunden werden; Indizien, die ebenfalls mit der Beschreibung in der Verklarungsakte übereinstimmen.

Strandung und Rettung vor Hiddensee

Die Lage verschiedener Wracks vor der Küste der Insel Hiddensee ist ein Beleg dafür, dass der Hauptanteil der Schiffe in Landnähe strandeten. Reste der Ladung, einige persönliche Gegenstände der Besatzung oder die wertvollen nautischen Geräte an Bord geben Zeugnis ab, dass die Fahrzeuge bei der Strandung wahrscheinlich sehr schnell und in großer Not verlassen werden mussten. Durch die Macht der Brandung wurden die havarierten Schiffe zerschlagen und sanken, sodass die Besatzungen oder Bergungsunternehmen häufig nur noch aus dem Wasser ragende Teile wie Masten und Segel abbergen konnten.

Durch Karl Ebbinghaus wurde 1963 ein weiteres Wrack im Norden der Insel an der Hucke erfasst, das 1996 und 1997 näher untersucht werden konnte. Dieser in vier Metern Tiefe liegende Schiffsüberrest war gut erhalten. Die Decksansätze, Innenausbauten und der Heckspiegel konnten durch die Taucher dokumentiert werden und aus dem Wrack ein umfangreiches Inventar bestehend aus den Navigationsinstrumenten, Teilen der Kombüsenausstattung, diversen Medizinfläschchen, zwei Flakons mit Eau de Cologne, Kleidungsstücken und Teilen aus der Takellage geborgen werden.

Einen wichtigen Fund stellten auch zwischen 1852 und 1859 geprägte Kopeken dar. Die an Bord verbliebenen Gegenstände sind berechtigte Hinweise, die auf einen sehr schnellen Untergang hindeuten, obwohl sich die Rettungsstation Kloster in der Nähe befand.

Aufgrund der Größe und Bauart könnte es sich bei dem Wrack um eine Galeaß, ein häufig auf der Ostsee genutztes Frachtsegelschiff handeln. Nach schriftlichen Überlieferungen soll in diesem Seegebiet am 19. Oktober 1879 die deutsche »Galeaß« Julius gesunken sein, die mit einer Ladung Kartoffeln auf der Reise von Stettin nach Kopenhagen unterwegs gewesen war.

Untersuchung am Wrack II vor der Hucke, 1996.

Die Recherche im Register des Germanischen Lloyds erbrachte jedoch, dass es sich bei dem Schiff Julius um keine Galeaß, sondern um eine Schlup gehandelt hatte, die nach Größe und Material nicht dem Wrack entsprach.

Schlup	**Julius**
Herkunftsland:	Deutschland
Heimathafen:	Altwarp
Unterscheidungssignal:	JDMT
Eigner/Kapitän:	J. Benter
Material:	Eiche
Verbleib:	Am 19.10.1879 auf der Reise von Stettin nach Kopenhagen / Dänemark am Dornbusch gestrandet.
Länge, Breite, Tiefgang:	11,76 / 4,14 / 1,82 m
Antrieb:	Segel
Einsatzradius:	Handelsschiff im Bereich der Ostsee

Auch soll am 13. Juni 1880 die russische »Galeaß« KRONA auf der Reise von Lübeck nach Piteå in Schweden mit Ballast am Dornbusch untergegangen sein. In den Registerunterlagen jener Zeit findet sich nur ein Verweis auf den dreimastigen Schoner KRONA, der zwar aus Kiefer gebaut, aber in seinen Dimensionen ebenfalls nicht dem Wrack entspricht. Weitere Recherchen werden sicher auch hier zu einer genauen Identifizierung des Wracks führen.

3-Mast-Schoner	**KRONA**
Herkunftsland:	Russland
Heimathafen:	Lumparland/Oeland
Eigner:	M. Stenros
Kapitän:	A.W. Mickelson
Erbaut:	Erickson auf Oeland
Material:	Kiefer
Indienststellung:	1872
Verbleib:	Am 13.6.1880 auf der Reise von Lübeck nach Piteå/Schweden unter Ballast am Dornbusch gestrandet.
Rauminhalt:	359 BRT
Länge, Breite, Tiefgang:	37/9,47/4,45 m
Antrieb:	Segel
Einsatzradius:	Handelsschiff im Bereich der Ostsee

Nordwestlich vom heutigen Leuchtfeuer am Gellen befindet sich ein weiteres Wrack, das ebenfalls im ausgehenden 19. Jahrhundert dort strandete. Die Fundstelle konnte über Luftbilder des Piloten Otto Braasch entdeckt werden. Im Vorschiff fanden sich der Herd sowie diverse Stücke des Geschirrs. Auf dem Schiffskörper erkennbar ist eine Ladung Bruchkalk aus Fakse in Dänemark, der als Bryozoenkalk bestimmt werden konnte. Aufgrund der Ladung und der Schiffsform lässt sich das Wrack als dänische Galeaß VENNERS HAAB identifizieren, die mit einer Ladung Kalksteinen von Fakse nach Eckernförde unterwegs war und in einem Herbststurm am 14. November 1880 am Gellen strandete. Auch hier deutet der Zustand des Wracks darauf hin, dass dieses in Eile verlassen wurde und nach dem Untergang eine Bergung der Habseligkeiten nicht mehr möglich war.

Galeaß	**VENNERS HAAB** (dt. Auf Freunde hoffen)
Herkunftsland:	Dänemark
Heimathafen:	Aaby/Svendborg
Eigner:	1880: P. Hansen, Aaby/Svendborg; 1877: Chr. Rasmussen
Kapitän:	1880: P. C. Olsen; 1877: J.W. Ellegaard
Erbaut:	Faaborg
Material:	Eiche
Indienststellung:	Juli 1866
Material:	Eiche
Verbleib:	Am 14.11.1880 auf der Reise von Fakse nach Eckernförde mit einer Ladung Kalk vorm Gellen gestrandet.
Rauminhalt:	36 BRT
Länge, Breite, Tiefgang:	14,80/4,60/2,35 m
Antrieb:	Segel
Einsatzradius:	Ost- und Nordsee

Zu Beginn des 20. Jahrhunderts ermöglichte es die damals noch junge Fotografie, den dramatischen Verlauf einer Strandung zu dokumentieren. Am 29. Juli 1909 geriet die deutsche Galiot SOPHIE auf der Reise von Stettin nach Haderslev in Dänemark mit einer Ladung Briketts an Bord vor Vitte in Seenot. Durch den orkanartigen Sturm des Vortages war das Schiff leckgeschlagen. Da ein Auspumpen unmöglich war, entschloss der Kapitän sich zur Strandung. Eine Serie von zehn Bildern zeigt das havarierte Schiff, an dem sich die Wellen brechen und von dem nur noch die Masten aus dem Wasser zu ragen scheinen. Eine aufgeregte Menschenmenge war Zeuge des Unterganges. Die Seenotretter von der Insel Hiddensee machten innerhalb kürzester Zeit mobil. Sie mussten drei Raketen über das Wrack schießen, bevor eine Leinenverbindung zustande kam. Mit einer Hosenboje wurde daraufhin versucht, den Schiffsjungen an Land zu ziehen. Allerdings scheiterte dieser Plan, da die Leinenverbindung im Sturm riss. Der Schiffsjunge wurde durch die schwere See hin und her geworfen und verlor das Bewusstsein. Endlich traf das Rettungsboot ein, hievte den besinnungslosen Schiffsjungen aus der See und rettete die beiden noch auf dem Wrack befindlichen Besatzungsmitglieder aus den Wanten. Wenig später verschwanden die beiden Masten der Sophie und das Schiff zerbrach.

Galiot	**Sophie**
Herkunftsland:	Deutschland
Heimathafen:	Rendsburg, Lohklint
Unterscheidungssignal:	LHRP
Eigner/Kapitän:	J. Speck
Besatzung:	1 Kapitän, 3 Mann Besatzung
Erbaut:	H. Bock in Nübbel
Indienststellung:	Januar 1874
Verbleib:	Am 29.7.1909 auf der Reise von Stettin nach Haderslev/Dänemark vor Vitte gestrandet.
Rauminhalt:	67 BRT/54 NRT
Länge, Breite, Tiefgang:	19,65/5,74/2,20 m
Antrieb:	Segel
Einsatzradius:	Handelsschiff im Bereich der Ostsee

➤ *Eine Postkartenserie illustrierte den Untergang der deutschen Galiot Sophie und die dramatische Rettung der Besatzung im Jahre 1909.*

Die Rakete mit der Schiffsleine wird abgeschossen.

Strandung der Galeas „Sophie“
in Vitte auf Hiddensee am 29. Juli 1909.

Die hohen Wellen brechen sich am Schiff.

Die aufgeregte Menschenmenge am Strande.

Strandung der Galeas „Sophie“
in Vitte auf Hiddensee am 29. Juli 1909.

Die Hilfsleine wird von Bord eingeholt.

Strandung der Galeas „Sophie“
in Vitte auf Hiddensee am 29. Juli 1909.

Strandung der Galeas „Sophie“
in Vitte auf Hiddensee am 29. Juli 1909.

Der Gaffelschoner HERKULES *strandete am 25. Dezember 1923.*

Komplizierter stellte sich die Rettung der Besatzung des deutschen Gaffelschoners HERKULES dar, der am 25. Dezember 1923 strandete. Unter dem Titel »Sechs Menschen aus Seenot gerettet« vermeldet die Stralsundische Zeitung vom 19. Januar 1924: *Am ersten Weihnachtsfeiertage geriet der Zweimastschoner »Herkules« auf der Südspitze des Gellen in Gefahr. Bei dem herrschenden Sturm und Schneegestöber gelang es nur mit Aufbietung äußerster Kraft und unter Zuhilfenahme von acht vom Gutspächter Wüstenberg bereitwillig zur Unterstützung gestellten Pferden, das Rettungsboot der Station Hiddensee zu Wasser zu bringen. Die Rettungsmannschaften kamen erst um 10 Uhr abends nach sechs Stunden auf der Rettungsstelle an und konnten wegen Treibeis und Schlamm nur schwer an das Schiff heran gelangen. Sie retteten den Kapitän und den Schiffsjungen. Die übrigen vier Mann der Besatzung hatten das Schiff mit dem Schiffsboot verlassen, waren aber nach der eineinhalb Meilen südlich liegenden Barke Vierendehl abgetrieben. Die Rettungsmannschaften versuchten trotz Schnee und Eis heran zu gelangen. Sie mußten aber nach vier Uhr morgens unverrichteter Sache nach der Station zurückkehren. Die Schiffbrüchigen sind dann am zweiten Weihnachtsfeiertage von Barhöft über das Eis gerettet worden. Die Rettung der auf dem Schoner Verbliebenen ist nur der Ausdauer und dem selbstlosen Opfermut der wackeren Mannschaft, die im Sturm und Kälte mehr als 12 Stunden unterwegs war, und dem tätigen Eingreifen des Herrn Wüstenberg, der bereitwillig seine Gespanne zur Verfügung gestellt hatte, zu danken.* Ein als Postkartenmotiv vertriebenes Foto des gestrandeten Gaffelschoners entstand wenige Tage später.

Zweimast-Gaffelschoner	**HERKULES**
Herkunftsland:	Deutschland
Heimathafen:	Brake
Unterscheidungssignal:	NKDJ
Eigner:	Chr. Schierloh, Fünfhausen
Kapitän:	Bergmann (Übernahme des Kommandos: 1920)
Besatzung:	6 Mann
Erbaut:	Werft Dietrich Focke, Motzen an der Weser
Material:	Eiche
Indienststellung:	1872
Verbleib:	Am 25.12.1923 auf der Leerfahrt von Kopenhagen nach Kiel am Gellen gestrandet.
Rauminhalt:	170 BRT / 148 NRT
Länge, Breite, Tiefgang:	27,31 / 6,71 / 3,68 m
Antrieb:	Segel
Einsatzradius:	Handelsschiff im Bereich der Ostsee und der Nordsee

Häufig führten starke Stürme zu mehreren Schiffshavarien. Die Stralsundische Zeitung vom 13. Februar 1939 schreibt unter »Schiffsstrandungen bei Sturm und Nebel«, dass ein seit einigen Tagen wütender Weststurm beim Bakenberg auf Wittow den holländischen Motorsegler KONINGDIEP mit einer Ladung Mauersteinen auf den Strand geworfen hatte. Auch beim Feuerschiff auf dem Adlergrund sank der dänische Schoner Rita. Südlich von Vitte strandete in dem bis zu zehn Windstärken tobenden Sturm der Stralsunder Schoner Genius. Das Schiff fuhr lediglich mit etwas Ballast und wurde durch die Kraft der Wellen bis hoch auf den Strand geworfen.

Zweimast-Gaffelschoner	**Genius**
Herkunftsland:	Deutschland
Werft:	Hugo Peters, Beidenfleth
Heimathafen:	Hamburg
Unterscheidungssignal:	DJMU
Eigner:	Reederei Staude
Kapitän:	Ernst Striesow, Stralsund
Erbaut/Indienststellung:	1933
Verbleib:	Am 12.2.1939 auf der Reise von Kopenhagen nach Stralsund in Ballast südlich Vitte gestrandet. Das Fahrzeug wurde im Mai 1939 abgeborgen.
Rauminhalt:	149 BRT/98 NRT
Länge, Breite, Tiefgang:	28,44/6,75/2,78 m
Antrieb:	Segel, Dieselmotor der Motorenfabrik Darmstadt AG, 150 PS
Einsatzradius:	Handelsschiff im Bereich der Ostsee und Nordsee

Doch auch in den Jahrzehnten nach dem Zweiten Weltkrieg wurde das Seegebiet vor Hiddensee wiederholt auch Motorschiffen zum Verhängnis. Die Seenotstation unter Kapitän Robert Gau konnte den havarierten Schiffen mehrfach helfen.

1952 trieb zum Beispiel zwischen Vitte und Neuendorf der dänische Frachter Leif an. Das Schiff war jedoch ohne Besatzung. 1957 kam es gleich zu drei Seeunfällen. Es strandeten die Segeljacht Komet, ein Freester Fischkutter und ein Polizeiboot. Ein Jahr darauf gerieten ein Wohn- und Werkstattschiff der Volksmarine, eine

Die MS Stina B auf dem Strand bei Vitte, 1958.

Segeljacht und am 17. Dezember das aus Bremen stammende Motorschiff Stina B auf den Strand. Das Letztere am Harten Ort auf Grund sitzende Schiff hatte jedoch Glück und kam durch eigene Kraft wieder frei.

Motorschiff	**Stina B** (ex Germania)
Herkunftsland:	Deutschland
Werft:	Conrad Lühring, Brake
Heimathafen:	Bremen
Unterscheidungssignal:	DDNY
Eigner:	Gerriet Behrens, Kiel Holtenau
Besatzung:	6 Personen
Erbaut/Indienststellung	Oktober 1937
Verbleib:	Am 17.12.1958 bei Vitte gestrandet.
Rauminhalt:	249 BRT/154 NRT
Länge, Breite, Tiefgang:	39,09/7,03/2,40 Meter
Antrieb:	Humboldt-Deutzmotoren AG, 300 PS
Einsatzradius:	Nordsee / Ostsee

^ *Am Gellen trieb im Sommer 2016 ein Wrackteil an den Strand. Nach der Lage und Konstruktion könnte es zu den gesunkenen Schonern Jessi oder Rosnaes gehört haben.*

Im Januar 1960 ereigneten sich am Gellen zwei Strandungen dänischer Schiffe. Am 13. Januar geriet der dänische Schoner Jessi auf der Fahrt von Stralsund nach Assens in Dänemark mit einer Ladung Briketts in Brand. Die Besatzung konnte sich mit einer Jolle an Land retten; das Schiff wurde aufgegeben. Auf die Reste der Jessi stießen Forschungstaucher im Jahre 1996 – nur wenige Meter vom bereits beschriebenen Gellenwrack entfernt. An den Schiffsresten waren auch nach über dreißig Jahren im Wasser noch gut die Spuren des Brandes zu erkennen, der zum Untergang des Schiffes geführt hatte. Die Maschinenanlage des Schoners, ein großer Glühkopfmotor mit einem Verstellpropeller aus Messing, ragt noch heute noch bis wenige Zentimeter unter der Wasseroberfläche.

Nur einen Tag nach dieser Havarie ereilte den dänischen Schoner Rosnaes ein ähnliches Schicksal. Mit einer Ladung Briketts auf der Fahrt von Stralsund nach Kopenhagen geriet das Schiff bei schlechtem Wetter am Gellen auf den Strand, arbeitete sich schnell tief in den Sand ein und konnte auch von dem gerufenen Bergungsschlepper Peene nicht mehr abgebracht werden, sodass die aus zwei Mann bestehende Besatzung das Schiff verlassen musste.

Schoner:	**Jessi** (ex Minna)
Herkunftsland:	Dänemark
Heimathafen:	Marstal
Kapitän:	H. Hinsch
Erbaut:	1905 Gräpel/Oste
Verbleib:	Am 13.1.1960 auf der Reise von Stralsund nach Assens mit Briketts am Gellen gestrandet und in Brand geraten.
Rauminhalt:	115 BRT
Antrieb:	Segel und Glühkopfmotor
Einsatzradius:	Handelsschiff im Bereich der Ostsee

Schoner:	**Rosnaes** (ex Charlotte Marie)
Herkunftsland:	Dänemark
Heimathafen:	Egernsund
Eigner:	Holger Christiansen, Børge W. Jørgensen
Kapitän:	Børge W. Jørgensen
Besatzung:	Kapitän, 1 Bestmann
Erbaut:	1921 in Kiel, Krupp-Germaniawerft aus Stahl
Verbleib:	Am 13.1.1960 auf der Reise von Stralsund nach Assens mit Briketts am Gellen gestrandet und in Brand geraten. Wrack abgeborgen, vermutlich abgewrackt.
Rauminhalt:	77 BRT
Antrieb:	100-PS-Motor
Einsatzradius:	Handelsschiff im Bereich der Ostsee

Zu einem der letzten größeren Schiffsunfälle kam es schließlich am 23. Januar 1964. Bei westlichen Winden der Stärke 7 lief der aus Groningen in den Niederlanden stammende Frachter HENNY T bei Kloster auf den Strand. Das Schiff war nur noch 30 Meter vom Ufer entfernt, sodass sich die Seenotmannschaft und der Kapitän durch Zuruf miteinander verständigen können. Der Boden des Schiffes wies Schäden auf und die Hiddenseer stellten der Besatzung eine Feuerlöschpumpe zur Verfügung. Am darauffolgenden Tag konnte das Schiff freigeschleppt werden, geriet aber durch das mehrmalige Brechen der Schlepptrosse beim Harten Ort erneut auf Grund. Ein nochmaliger Bergungsversuch glückte und das Schiff konnte endlich am 27. Januar nach Stralsund eingeschleppt werden.

Frachter:	**HENNY T**
Herkunftsland:	Niederlanden
Werft:	N.V. Scheepswerf ›Foxhol‹, Gebrüder Muller
Heimathafen:	Groningen
Unterscheidungssignal:	PEOS
Eigner:	Jan Roelof Boerma en Johan Wilhelm Klaas Tulp, Groningen
Stapellauf:	14.6.1955
Indienststellung:	15.8.1955
Verbleib:	Am 22.1.1964 bei Kloster gestrandet. Am 14.1.1964 abgeborgen. Ab 1975 wurde das Schiff in MACVACA umbenannt; am 14.5.1989 schließlich als künstliches Riff bei Pompano Beach/Florida in 270 m Tiefe versenkt.
Rauminhalt:	493 BRT
Länge, Breite, Tiefgang:	51,68/8,45/3,10 m
Antrieb:	Maschinenbau Kiel A.G., Kiel, 390 PS
Geschwindigkeit:	9,50 Knoten
Einsatzradius:	Ostsee, Nordsee

Der aus den Niederlanden stammende Frachter HENNY T geriet im Winter 1964 mehrfach auf den Strand, bevor er erfolgreich geborgen werden konnte.

Heute wird der Stralsunder Hafen nur noch selten von größeren Schiffen über seine westliche Anfahrt angelaufen. Das Fahrwasser, der Gellenstrom, versandet nach wie vor schnell. Da nur gelegentlich Erhaltungsbaggerungen stattfinden, müssen Schiffe mit einem Tiefgang von über drei Metern die Ostansteuerung aus dem Greifswalder Bodden kommend nutzen. Hierbei werden die Fährlinien zwischen Stahlbrode und Glewitz auf der Insel Rügen gekreuzt sowie die Klappbrücke des Rügendamms passiert, der seit dem Jahre 2007 durch die Fertigstellung der imposanten Rügenbrücke vom Autoverkehr entlastet worden ist.

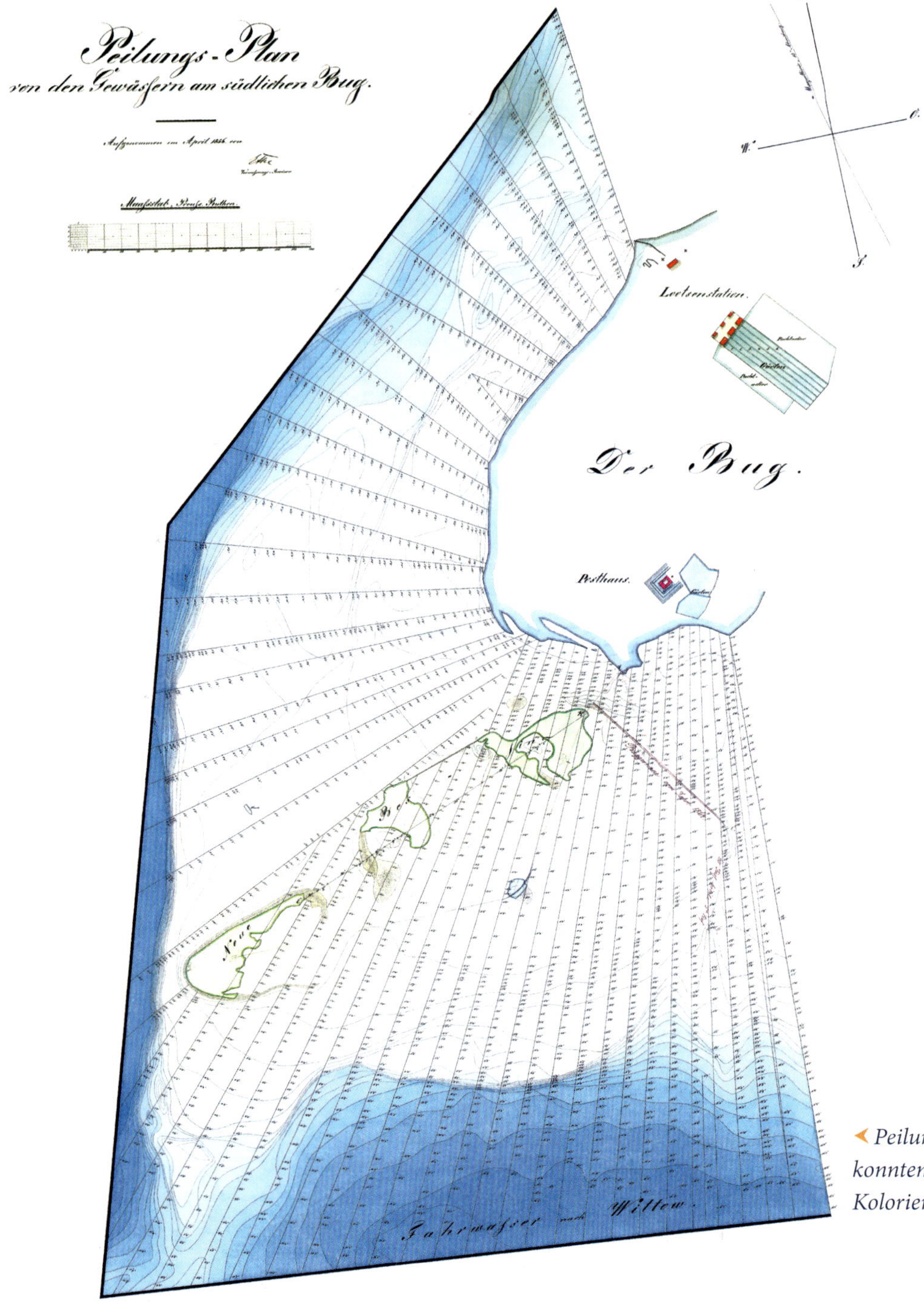

Peilungsplan der Lotsenstation am Bug. Hier konnten Schiffbrüchige auf schnelle Hilfe hoffen. Kolorierte Zeichnung, um 1856.

Mit Segel und Dampf über die Ostsee – Der Schraubendampfer GROSSFÜRST CONSTANTIN

Die Arbeit des Unterwasserarchäologen besteht nicht nur aus Tauchgängen. Der Forschung gehen meist umfangreiche Recherchen zu Schiffsuntergängen in der Literatur und in den Archiven voraus. Ausgewertete Angaben zu Havarien auf See ermöglichen dann eine zielgerichtete Wracksuche. Teilweise wurden durch Historiker auch Angaben zu Schiffen und deren Lebensweg publiziert. Der Rostocker Kapitän Heinrich Rahden fasste in einem 1941 erschienenen Buch den Gesamtbestand der Rostocker Handelsflotte für die Jahre von 1800 bis 1917 zusammen. Enthalten sind hierin auch Angaben zum Verbleib der Schiffe, von denen nicht wenige ihr Ende als Wrack fanden. Besonders interessant erwies sich der Eintrag: *GROSSFÜRST CONSTANTIN (2), gebaut von A. Tischbein in Rostock 1857, Schiff aus Eisen, …, 1861 auf der Fahrt von Charleston to Fth. nach Rostock bei Rügen im Eise gesunken.* Dieser Hinweis stellte den Beginn einer über mehrere Jahre währenden Wracksuche dar.

Über eiserne Schiffe, die zur Zeit der Industrialisierung in Rostock gebaut worden waren, war bislang wenig bekannt, sodass durch einen Wrackfund weitere Aufschlüsse über den Schiffbau und zur Ostseeschifffahrt der zweiten Hälfte des 19. Jahrhunderts zu erwarten waren.

Die GROSSFÜRST CONSTANTIN war ein früher Schraubendampfer, der noch über eine Besegelung verfügte. Das Schiff sank im Eis vor der Halbinsel Wittow, anscheinend nur eine Meile vom Ufer entfernt. Als Untergangsort wurde die Küste vor Schwarbe angegeben – ein Seegebiet, das gerade in den 2000er-Jahren intensiv durch Wracksuchschiffe des Bundesamtes für Seeschifffahrt und Hydrographie untersucht wurde.

Und in der Tat konnten sie eine Seemeile vor Schwarbe ein gut erhaltenes Wrack entdecken. 2005 liefen die Forschungstaucher von archaeomare e.V. die Position bei einer ihrer jährlichen Expeditionen an und tauchten ab. Auf dem Grund lag ein eisernes Schiff, an dem auch noch die Überreste der Masten zu erkennen waren. – Doch war es die GROSSFÜRST CONSTANTIN? Das Schiff hatte keine Maschine und auch die Dimensionen des Schiffskörpers entsprachen nicht denen des gesuchten Schraubendampfers.

In wenigen Seemeilen Entfernung, am Möwenort in der Nähe von Schwarbe, befand sich ein weiteres Wrack. Häufig werden sinkende Schiffe noch über eine größere Entfernung vertrieben, sodass die Untergangsposition mit der endgültigen Lage nicht übereinstimmen muss. Unter Wasser konnte ein kieloben liegendes eisernes Segelschiff mit einer Ladung Holz festgestellt werden. Aber auch hier fehlte die Maschine mit dem Schiffspropeller. Recherchen zeigten, dass es sich um ein Frachtsegelschiff mit einer Schnittholzladung handelte, das 1927 dort versunken war.

Das Suchgebiet wurde daraufhin erweitert und die Taucher entdeckten unter Wasser zwei weitere Schiffsüberreste. Diese bestanden aus Holz, sodass es sich bei ihnen ebenfalls nicht um das gesuchte Schiff handeln konnte. Die Taucher stellten sich die Fragen: War die GROSSFÜRST CONSTANTIN bereits geborgen? Oder hatten Schrottbergungsunternehmen nach dem Zweiten Weltkrieg das gesunkene Schiff weitestgehend beseitigt? Zum Schiff selbst konnten keine Baupläne gefunden werden, da der noch vorhandene Aktenbestand zur Tischbeinschen Werft, die später in der Actien-Gesellschaft Neptun – Schiffswerft und Maschinenfabrik Rostock und danach in der Neptunwerft aufging, nicht verfügbar war. Die Auswertung weiterer Publikationen förderten weitere wichtige Indizien zu Tage: Die GROSSFÜRST CONSTANTIN war demnach nicht das erste Schiff mit diesem Namen gewesen. Bereits 1851 waren bei Tischbein zwei Schiffe gebaut worden, die auf der Linie Rostock–Petersburg verkehren sollten.

Am 9. September 1851 lief der erste eiserne Schraubendampfer Deutschlands, die ERBGROSSHERZOG FRIEDRICH FRANZ (I), in Rostock vom Stapel. Das Schiff hatte eine Länge von 40,08 und eine Breite von 6,09 Metern. Der Schraubendampfer, der von einer Dampfmaschine von 60 PS angetrieben wurde, erreichte mit 20 Passagieren eine Geschwindigkeit von 9,25 Knoten. Am 23. Dezember 1851 folgte ein baugleiches Schiff mit dem Namen GROSSFÜRST CONSTANTIN (I). Es war benannt nach dem Oberbefehlshaber der russischen Flotte. Das Fahrzeug besaß die identischen Maße und dieselbe Leistung wie sein Schwesternschiff. Beide Schiffe waren aber aufgrund ihrer Größe nicht wirtschaftlich genug und wurden 1855 nach Amsterdam verkauft. Bis zu ihrer Abwrackung fuhr die GROSSFÜRST CONSTANTIN unter anderem Namen noch bis 1904.

Die Rostocker Unternehmer Parlow, Burchard, Raddatz, Capobus, und Josephi waren an der Fortsetzung des Linienverkehrs nach Petersburg interessiert und traten 1855/1856 als Initiatoren für eine neue Reederei auf. Die Tischbeinsche Werft gab daraufhin ein Angebot für zwei Schiffe ab, die ohne Kajütenausstattung 56000 Taler kosten sollten. Mit kompletter Einrichtung lag der Preis bei 60000 Talern. Albrecht Tischbein erhielt den Auftrag; 1857/1858 konnten die zwei baugleichen Schiffe – zuerst die ERBGROSSHERZOG FRIEDRICH FRANZ (II) und dann die GROSSFÜRST CONSTANTIN (II) – in Dienst gestellt werden.

Ansicht der »Werfte für eiserne Dampf- und Segelschiffe, Albrecht Tischbein«, Rostock.

Albrecht (Johann Heinrich) Tischbein

1803 in Sternberg geboren als Sohn des Malers und Zeichenlehrers

1821 Mechanikerstudium in Rotterdam, arbeitet anschließend als Ingenieur auf einer dortigen Schiffswerft

1837 konstruiert in Magdeburg einen Raddampfer aus Holz für die Magdeburger Elb-Dampfschiff-Fahrts-Compagnie

1839–49 Technischer Direktor der Magdeburger Elb-Dampfschiff-Fahrts-Compagnie , konstruiert 33 Schiffe, davon 14 aus Eisen

1850 Gründung der »Rostocker Dampfschiff-Fahrt-Gesellschaft« und der »Schiffswerft und Maschinenfabrik von W. Zeltz und A. Tischbein«

1851 Fertigstellung der ERBGROSSHERZOG FRIEDRICH FRANZ

1852 Stapellauf GROSSFÜRST CONSTANTIN (I); Umbenennung in »Maschinenbauanstalt und Schiffswerft A. Tischbein, Rostock«, die später mit mehreren anderen Firmen zur »Aktien-Gesellschaft ›Hansa‹ – Werft für eiserne Schiffe und Maschinenbauanstalt« umgewandelt wurde. Aus dieser ging am 23.12.1890 die »Actien-Gesellschaft ›Neptun‹ – Schiffswerft und Maschinenfabrik in Rostock« hervor. Tischbein war bis 1876 als Werftdirektor tätig.

1881 Albrecht Tischbein stirbt in Rostock

Die neue GROSSFÜRST CONSTANTIN machte ihre erste Fahrt mit gutem Ergebnis – und das sogar im Eis. Die Rostocker Zeitung vom 21. März 1858 vermeldet: *Das zweite der beiden Rostock–Petersburger Schraubendampfschiffe »Großfürst Constantin« machte heute seine erste Probefahrt, indem dasselbe von der Tischbeinschen Fabrik nach Warnemünde ging. Das Schiff hatte eine harte Probe zu bestehen, indem es sich seinen Weg durch eine 10 bis 12 Zoll dicke Eisdecke bahnen mußte, welche, durch den letzten Nachtfrost verstärkt, einen bedeutenden Widerstand bot, so daß das Schiff bei jeder Schiffslänge, die es in die Eisdecke eindrang, sich festfuhr und erst, nachdem es durch Zurückziehen Anlauf genommen, durch den hierdurch gewonnenen Kraftaufwand abermals circa eine Schiffslänge in die Eisdecke eindringen konnte. Auf diese Weise brachte das Schiff von 10 Uhr diesen Morgen bis 5 Uhr Nachmittags zu, um aus Sicht zu kommen, von wo an es in freies Wasser gelangt zu sein schien und sich rasch entfernte. Schiff und Maschine haben sich bei dieser Probe als tüchtig bewährt und ist hierdurch wiederholt der Beweis geliefert, daß durch Schraubendampfschiffe bedeutend leichter die Eisdecke zu brechen ist, als durch Räderschiffe.*

Das Schiff wurde nun für sieben Monate im Jahr auf der Strecke zwischen Rostock und Petersburg eingesetzt. Für eine Hin- und Rückfahrt verbrauchte es etwa 40 Lasten (etwa 80 Tonnen) Kohle, die 15 Taler kosteten. Erstaunlicherweise lagen die Hafengebühren mit den entsprechenden Provisionen mit 440 Talern wesentlich höher. Addierte man hierzu noch die Heuer für die Besatzung und anderen Kosten, stellten die Aktionäre fest, dass der Gewinn nicht allzu hoch war. Zudem wurde von Lübeck aus noch eine Konkurrenzlinie eröffnet. Aber die Rostocker wollten vorerst im Geschäft bleiben. Eine Verbindung zum wirtschaftlich aufstrebenden Russland galt zur damaligen Zeit als wichtig. Außerhalb der Saison wurden die Schiffe auch für andere Fahrt- und Frachtaufgaben genutzt.

Anfang Januar 1861 hatte die GROSSFÜRST CONSTANTIN von Leith bei Edinburgh den Rückweg nach Rostock angetreten. Was dann zwischen 20. und 26. Januar geschah, veröffentlichte die Stralsundische Zeitung am 29. Januar in einem ersten Bericht: *Gestern Nachmittag traf die aus 17 Mann bestehende Besatzung des eisernen Schraubendampfers »Großfürst Constantin«, eines der beiden Dampfschiffe, die im Sommer regulair zwischen Rostock und Petersburg fahren, hier ein. Der »Großfürst Constantin«, Capt. Ahrens, kehrte von Leith mit einer Ladung Eisen und Kohlen auf Rostock zurück, fand den Sund stark voll Eis und lief Kopenhagen an. Von dort ging er, als die Fahrt günstiger zu werden versprach, mit andern Schiffen wieder aus, gelangte auch bis auf ca. 4 Meilen an Warnemünde, kehrte jedoch, da er des Eises wegen nicht einlaufen konnte, wieder um, einen anderen Hafen zu suchen, und gerieth in Treibeis, das ihn bis an die rügensche Küste mitnahm, ohne daß er sich freimachen konnte. Am Sonnabend, den 26ten, bei dem heftigen Sturme wurde er in der Nähe von Lancken auf Wittow gegen festes Eis getrieben und der Sturm schob das lose Eis von der anderen Seite gegen das Schiff, daß sich die Schol-*

➤ *Lotsenstation Wittow, nach einer Tuschezeichnung von E. Last, 1916.*

^ Der Schraubendampfer POLLUX im Eis, um 1856. Ähnlich dürfte die GROSSFÜRST CONSTANTIN 1861 im Eis vor Wittow eingeschlossen gewesen sein.

len bis über Deck aufthürmten. So wurde das Schiff leck und hatte in dem Augenblick, wo es dem Druck des Eises nicht mehr zu widerstehen vermochte, gleich 7 Fuß Wasser im Maschinenraum, so daß die 17 Mann Besatzung dasselbe schleunigst verlassen mußten, da es zu sinken anfing; sie selbst retteten nichts, als was sie auf dem Leibe hatten. Sie irrten nun anderthalb Stunden auf dem Eise umher, da sie die Richtung nach dem Lande oft verloren, bald offene Stellen, bald aufgethürmte Eisberge umgehend; als endlich die Lootsen zu Posthaus am Ufer Laternen anzündeten, gewannen sie Land. Der Dampfer war inzwischen in der Höhe von Schwarbe schon gesunken.

Die Rostocker Zeitung vom 30. Januar konnte den Verlust nur bestätigen und vermeldete noch aufschlussreichere Details: *Die gestern gesendete Nachricht von dem Verluste unseres Schraubendampfschiffes »Großf. Constantin«, Capt. Ahrens, müssen wir heute leider bestätigen. Dasselbe war am 20. bis 22. d.M. vor Warnemünde in Sicht gewesen, hatte aber dort wegen zu großer Eismassen nicht an-*

Schraubendampfer	**Grossfürst Constantin (II)**
Herkunftsland:	Deutschland
Heimathafen:	Rostock
Flagge Nr.:	R 95
Eigner:	See-Dampfschiffahrts-Gesellschaft, Rostock
Kapitän:	Wilhelm Ahrens
Besatzung:	17 Mann (1 Kapitän, 1 Steuermann, 4 Matrosen, 2 Maschinisten, 3 Heizer, 2 Decksjungen, 1 Koch, 3 Sonstige)
Erbaut:	1857/1858 von der Maschinenbauanstalt, Eisengießerei und Werfte für eiserne Dampf- und Segelschiffe, Albrecht Tischbein, Rostock, Baunummer 20, für 60 000 Taler
Indienststellung:	Ab 6.5.1858 auf der Linie Rostock–Petersburg eingesetzt.
Verbleib:	Auf der Fahrt von Leith nach Rostock in Treibeis geraten, sinkt am 26.1.1861 durch Eispressung westlich Wittow.
Rauminhalt:	410,74 BRT / 318,58 NRT / 112 Lasten (etwa 224 t)
Passagiere:	46 Passagiere 1.Klasse 16 Passagiere 2. Klasse
Länge, Breite, Tiefgang:	55,47 / 6,40 / 3,66 m
Antrieb:	Dampf- und Segelantrieb, 3 Masten mit Schonertakelung, Dampfmaschine, bestehend aus einem Flammrohrkessel, geeignet für Holz- und Kohlefeuerung, Betriebsdruck 4 bar, Kofferkessel mit einer Kolbendampfmaschine mit einer Leistung von 80 PS (55 kW)
Geschwindigkeit:	10–11 Knoten bei Dampfantrieb
Einsatzradius:	Linienfahrt zwischen Rostock–Petersburg, weitere Fahrten im Bereich der Ost- und Nordsee

kommen können und war seitdem durch das Eis immer weiter fortgetrieben. Letzteres hatte das Schiff stark beschädigt, wodurch am 25. ein Leck im Bug entstand, so daß zwei Mann an den Pumpen fortwährend gehalten werden mußten, während die Maschine ebenfalls Schaden genommen und den Dienst versagte, auch das Schiff das Steuerruder einbüßte. So war das Schiff bis nach Rügen hinaufgedrängt, wo es am 26. abends 6 Uhr circa 1 Meile von Wittmund vom Eise durchschnitten wurde und im sinkenden Zustand von der Mannschaft verlassen werden mußte, welche sich mit Lebensgefahr über das Eis rettete.

Beide Zeitungsberichte zeugen von der großen Dramatik des Unterganges. Für die Besatzung, die das Schiff bereits während der beginnenden Dunkelheit verließ, war es ein großer Glücksfall, dass sie die Lampen der Lotsenstation Wittow sahen und sich in dieser Richtung an Land retten konnten. In Rostock und bei den Aktionären sorgten diese Nachrichten für Unruhe, zumal aus den Meldungen der Zeitungen mehr zu erfahren war, als durch die Verlautbarungen der Reederei. Die Rostocker Zeitung beklagte am 2. Februar: *Ueber den Verlust unseres Schraubendampfers »Großfürst Constantin« finden wir in der »Stral. Ztg.« einen ausführlichen Bericht. Wir müssen auf diese auswärtige Quelle recurriren, da man hier dem Princip, über den Gang des Unternehmens möglichst wenig in die Öffentlichkeit bringen zu lassen, auch im letzten Moment zu huldigen scheint.* Auch am folgenden Tag kritisierte die Zeitung Wilhelm Lange, den Bevollmächtigten der Rostocker Dampfschiff-Fahrt-Gesellschaft, wegen seiner mangelhaften Informationspolitik.

Durch die sorgfältige Auswertung der Berichte ließen sich genauere Schlüsse zur Untergangsposition, aber auch zum Zustand des Schiffes ziehen. Nach den schweren, durchs Eis verursachten Schäden wurde die Grossfürst Constantin am 26. Januar 1861 um 18 Uhr auf der Höhe von Lancken von der Besatzung verlassen. Im Januar herrschte zu dieser Zeit bereits Dunkelheit, sodass es für die Seeleute sehr schwer war, eine genaue Peilung zum Ufer zu nehmen. Möglicherweise wurde die Angabe in der Rostocker Zeitungsmeldung ... *1 Meile von Wittmund (Wittow)* ... entweder einige Stunden vorher bei besserer Sicht oder aufgrund des Fußmarsches übers Eis an Land ermittelt. Die Information *Der Dampfer war inzwischen in der Höhe von Schwarbe schon gesunken.* stammt aus der Stralsundischen Zeitung und ist ohne Meilenangabe. Vermutlich handelte es sich hier um die Angabe eines Besatzungsmitglieds. Sie mussten sich vor Lancken auch auf einer Position befunden haben, von der aus sie das Licht der Lotsenstation sehen konnten. Vom Seegebiet vor Schwarbe wäre das nicht möglich gewesen, da von dort ein Teil der Wittower Außenküste die Sicht zur damaligen Lotsenstation versperrt. Eine Meldung der Rostocker Zeitung vom 8. Februar 1861 gab weiteren Aufschluss darüber, dass Kapitän Ahrens sich des Unterganges und der genauen Position nicht sicher war: *Das aus Stralsund hierher berichtete Gerücht, das Schraubendampfschiff Großfürst Constantin sei noch am 2. d.M. treibend gesehen, hat sich als vollständig unbegründet erwiesen. Capt. Ahrens hatte auf angestellte Erkundigung in Stralsund erfahren, daß die Nachricht von Fischern aus Hiddensee verbreitet sein solle, und verfügte sich unverzüglich dorthin, um an Ort und Stelle weitere Nachforschungen anzustellen. Hier versicherte man ihm indessen übereinstimmend, daß ein Mißverständnis zu Grunde liegen müsse, da man das Schiff am 25. und 26. Jan. (also ehe dasselbe von der Mannschaft verlassen war), nicht aber später gesehen habe.* Die Überprüfung des Gerüchtes zeigte deutlich eine Unsicherheit des Kapitäns zu den letzten Stunden des Schraubendampfers, der im sinkenden Zustand – aber noch schwimmend – verlassen wurde. In Zusammenfassung dieser Informationen und auch des Umstandes, dass die Besatzung wahrscheinlich den kürzesten Weg zum Land nutzte, war davon auszugehen, dass der Schraubendampfer wesentlich weiter südwestlich gesunken sein musste.

Mit der Korrektur des möglichen Untergangsgebietes wurde die Suche fortgesetzt. Der Stralsunder Martin Sander, der ein ausgewiesener Spezialist in Sachen Sonartechnik ist, konnte etwa eine Seemeile vom Rehberg-Ort in der Nähe von Dranske ein eisernes Schiffswrack orten. Der stark zerstörte Schiffskörper ließ hoffen, dass es sich um die im Eis zerdrückte GROSSFÜRST CONSTANTIN handeln könnte. Allerdings konnte im Bereich des Wracks keine Maschine gefunden werden und verschiedene Bauteile waren eindeutig jüngeren Datums. Die Recherche erbrachte, dass es sich bei dem Wrack um den am 9. Dezember 1921 gesunkenen Gaffelschoner GAIVOTA handelte, der auf dieser Position gesprengt worden war.

Leichter	**GAIVOTA**
Herkunftsland:	Deutschland
Werft:	F. Lemm, Boizenburg an der Elbe
Heimathafen:	Hamburg
Unterscheidungssignal:	RVPL
Eigner:	Hamburgische-Südamerikanische Dampfschiffahrtsgesellschaft, Hamburg
Kapitän:	F. Dreyer; Damp aus Greifswald
Besatzung:	Kapitän, 4 Personen (Steuermann Hoffmann aus Lübeck)
Gebaut:	1914
Umbauten:	1920 mit Hilfsmotor ausgerüstet
Verbleib:	Am 19.12.1921 auf der Reise von Hamburg nach Stettin mit einer Ladung Mais gesunken. Kapitän und vier Mann kamen ums Leben, da das Rettungsboot der Station Dranske am Lotsenhaus Bug nicht einsatzklar war.
Rauminhalt:	115 BRT/93 NRT
Länge, Breite, Tiefgang:	25,36/6,08/2,24 m
Antrieb:	Segel
Einsatzradius:	Nord- und Ostsee

Nach über sieben Jahren erfolgloser Suche machte sich bei den Forschungstauchern langsam Resignation breit. Bekanntlich steckt der Teufel im Detail: Die Meilenangabe wurde bislang mit einer Seemeile von 1852 Metern gleichgesetzt. Allerdings setzte sich die Angabe von Entfernungen in Seemeilen auf der Ostsee erst ab 1872 durch. Zur Zeit des Unterganges entsprach eine Meile noch einer preußischen oder mecklenburgischen Meile, die 7532,485 Meter entsprach. Damit musste das Wrack wesentlich weiter westlich zur bislang vermuteten Position liegen.

Das Wracksuchschiff DENEB hatte bereits am 30. Juli 2004 ein stark zerstörtes eisernes Schiffswrack ausfindig machen können, dass in etwa auf der beschriebenen Distanz zur Küste von Wittow lag. Die Unterwasserarchäologen nahmen das Wrack im August 2011 zum ersten Mal genau in Augenschein. Auf der Position konnten sie in 21 Metern Tiefe ein eisernes, dreiteiliges Schiffswrack untersuchen, das sich etwa drei Meter aus dem Grund erhob. Der stark zerfallene Schiffskörper bestand aus genieteten Eisenplatten und Resten eines hölzernen Decks. Trotz der Zerstörungen waren das Vorschiff, ein Kessel mit Maschinenanlage und das Achterschiff noch gut zu erkennen. Auffällig war auch ein sehr massiver Holzmast, der neben dem dazugehörigen Mastschuh noch im vorderen Teil des Schiffes lag. Die Maschinenanlage konnte aufgrund des Kessels und der vorhandenen Zylinder eindeutig als Dampfmaschine bestimmt werden. Die Länge des Wracks ließ sich auf 55 und die Breite auf 6,50 Meter ermitteln. Als ungewöhnlich war der kombinierte Antrieb über Segel und Dampfmaschine und das Längen-/Breitenverhältnis dieses ursprünglich langen und schmalen Schiffes zu bezeichnen. Ein Vergleich mit den technischen Angaben des GROSSFÜRST CONSTANTIN zeigte, dass diese zu den Dimensionen des Wracks annähernd deckungsgleich waren. Die wenigen Zentimeter Differenz konnten durch die Verformung des Schiffes beim

➤ *Der im Vorschiff erhaltene Mast des Wracks.*

Untergang entstanden sein. Bei dem großen rechteckigen Kessel mit einer Grundfläche von 3,80 x 3,40 Meter und einer erkennbaren Höhe von 3,20 Metern handelte es sich um einen sogenannten Kofferkessel, der typisch für damalige Dampfmaschinen war.

Für eine Fortführung der Untersuchungen wurden die vorhandenen Quellen zum GROSSFÜRST CONSTANTIN nochmals intensiv ausgewertet. Den Zeitungsberichten konnte entnommen werden, dass das Schiff Eisen und Kohle transportierte, durch das Eis ein Leck im Bugbereich entstanden war und das Fahrzeug das Ruder eingebüßt hatte. Ebenfalls gibt es von dem Schiff eine zeitgenössische Lithografie von Max Beeger, die im Vordergrund das baugleiche Schwesterschiff ERBGROSSHERZOG FRIEDRICH FRANZ (II) und im Hintergrund GROSSFÜRST CONSTANTIN (II) zeigt. Bei beiden Fahrzeugen handelt es sich augenscheinlich um lange, schlank gebaute Schiffe, die schonergetakelt waren und auch nach ihrer Form Segelschiffen entsprachen. Neben den Masten war auch der für Segelschiffe typische Klippersteven mit mehrteiligem Bugspriet und Galionsfigur zu erkennen. Dahinter befanden sich an der Bordwand das Namensschild und zwei Admiralitätsanker, die ab 1850 in Gebrauch gekommen waren. Der gefundene Ankertyp wurde bei größeren Schiffen ab 1870 durch den Martinsanker und ab 1891 durch den noch heute gebräuchlichen Patentanker abgelöst.

Im Mittschiffsbereich war der Schornstein präsent. Vom Mitt- bis zum Achterschiff erstreckten sich die Aufbauten. Das Ende des Schiffes war durch ein gerundetes Dampferheck gekennzeichnet. Neben diesen Merkmalen boten auch die Positionen der Masten und des Schornsteins Anhaltspunkte, um das Wrack dem gesuchten Schraubendampfer zuordnen zu können.

Bei der Fortsetzung der Untersuchungen im Juni 2012 versuchten die Taucher diese Details am Wrack zu verifizieren. Zuerst wurde das noch relativ gut erhaltene Vorschiff begutachtet. Es ließ sich klar ein Klippersteven mit mehrteiligem Bugspriet erkennen. Der eiserne Schiffskörper wurde im Bereich des Schanzkleides auch mit einer profilierten Holzplanke abgeschlossen, wie sie bei der Darstellung von Max Beeger als weiße Linie zu erkennen ist. Die in Verlängerung der Planke und unterhalb des Bugspriets sitzende Galionsfigur sowie das im vorderen Teil befindliche Namensschild waren komplett von Sediment bedeckt. Da mit dem zuständigen Landesamt für Kultur und Denkmalpflege vereinbart worden war, keine Veränderungen an Wracks vorzunehmen, konnten diese Bereiche nicht freigelegt werden. Entsprechend des Bildes konnten an der Backbord- und Steuerseite zwei große Admiralitätsanker gefunden werden. Im Bereich der Anker befand sich auch eine große Winde aus Holz, die zur Bedienung der Anker und Segel diente. Diese Winde wurde damals noch per Hand und ohne Zusatzmaschine angetrieben.

Das ganze Vorschiff war innerhalb der Wracklage etwas verdreht, was auf mögliche Beschädigungen durch das Eis hindeuten könnte. Im Bereich, in dem sich nach der Lithografie der erste Mast befunden haben musste, konnte die Mastspur und direkt daneben der hölzerne Mast gefunden werden, der dort mittels Zapfen eingesetzt worden war. Am Kessel konnte ein großer Rohrabgang gefunden werden, auf dem der Schornstein angesetzt war, der sich auf der in der Schiffsdarstellung erkennbaren Position befand. Am Heck, teilweise mit Netzen bedeckt, ließ sich gut die gerundete Form erkennen. Das aus einer Holz-Eisenkonstruktion bestehende Ruder des Schiffes saß noch in seiner Aufhängung, jedoch war das Ruderblatt abgebrochen, sodass die Steuerwirkung nicht mehr gegeben war. Dahinter entdeckten die Taucher eine Aussparung, hinter der sich vermutlich der Propeller des Schiffes befunden hatte. Allerdings konnten keine Flügel beobachtet werden. Möglicherweise waren diese bei der Eisfahrt abgebrochen oder befanden sich ebenfalls unter Sediment. Genauen Aufschluss könnte auch hier nur eine Freilegung dieses Teils liefern.

Die Position, die Dimension, verschiedene noch erkennbare Elemente am Wrack sowie Beobachtungen von Schäden, die durch

▲ *Die Schwesterschiffe* ERBGROSSHERZOG FRIEDRICH FRANZ *(Vordergrund) und* GROSSFÜRST CONSTANTIN *(links im Hintergrund), nach einer zeitgenössischen Lithografie von Max Beeger, um 1860.*

das Eis herrühren können, deuteten mit großer Wahrscheinlichkeit daraufhin, dass es sich bei dem Wrack um den Schraubendampfer GROSSFÜRST CONSTANTIN (II) handeln musste, der am 26. Januar 1861 vor Rügen im Eis gesunken war.

Eine bislang nicht mit den Untersuchungen befasste Gruppe von Tauchern wurde wenig später durch das zuständige Landesamt mit Folgeexpeditionen betraut und kam im Januar 2013 zu dem überraschenden Schluss, dass es sich bei dem Wrack nicht um den GROSSFÜRST CONSTANTIN handeln sollte. Eine erst nach 1920 gebräuchliche Antriebsmaschine, ein sogenannter Gleichstrom-Dampfmaschinentyp, soll einen Hinweis darauf gegeben haben. Allerdings konnte diese Behauptung nicht durch aussagekräftige Fotos belegt werden. Auch wurde vermutet, dass das Wrack der GROSSFÜRST CONSTANTIN eine Seemeile vor Schwarbe liegen sollte. Die Tauchgruppe hatte somit den Fehler erneut begangen, den anfangs auch schon die Forschungstaucher von archaeomare e.V. gemacht hatten.

Einer der beiden Admiralitätsanker im Vorschiff.

Die neuen Untersuchungsergebnisse wurden dem Technikmuseum Magdeburg für eine Maschinenrecherche zur Verfügung gestellt. Dies schien den Unterwasserarchäologen wichtig, da Tischbein hier ebenfalls längere Zeit im Schiffbau tätig gewesen war. Konrad Pusch, ein Spezialist in Sachen Dampfmaschinen, kam im August 2013 nach Auswertung des Berichtes und zahlreicher Fotos zu dem Schluss, dass sich auf dem Wrack eine liegende Dampfmaschine befände, bei der es sich möglicherweise um eine von John Penn entwickelte Anlage handeln würde bzw. eine Maschine, die auf deren Prinzip beruhe. Tischbein waren durch seinen Studienaufenthalt in England derartige Dampfmaschinen bekannt, sodass er sie auch von dort importierte bzw. nachbauen ließ. Derartige, tief im Schiff liegende Maschinen spielten eine wichtige Rolle bei den noch als Segelschiffen konstruierten Dampfern, um den Schwerpunkt auf eine günstige Position zu legen. Die sichtbaren Maschinenteile, aber auch der Kofferkessel deuten darauf hin, dass die noch recht uneffektive Dampfmaschine mit einem geringen Druck durch Nassdampf angetrieben wurde. Pusch fand schließlich Pläne, die die Dampfmaschine eines »PRINZEN CONSTANTIN« zeigten, der auf der Strecke zwischen Rostock und Petersburg im Einsatz war. Es handelte sich hierbei um Konstruktionszeichnungen der Dampfmaschine der 1851 gebauten GROSSFÜRST CONSTANTIN (I). Der Wrackfund belegte aber, das Tischbein das grundlegende Prinzip dieser Dampfmaschine auch für den Antrieb der GROSSFÜRST CONSTANTIN (II) genutzt hatte.

Diese entsprechenden Elemente, die nicht zu einer modernen, mit Hochdruck arbeitenden Gleichstrom-Dampfmaschine gehören, lassen sich auch an den Maschinenteilen im Wrack wiederfinden. Auch aufgrund der Dimensionen des Schiffes vermutete Pusch, dass es sich bei dem Wrack mit großer Wahrscheinlichkeit um die Überreste des 1861 gesunkenen Schraubendampfers GROSSFÜRST CONSTANTIN handeln musste.

Einen weiteren Beleg für diese Theorie lieferten Sporttaucher, die am Wrack mehrere britische Porterflaschen aus der zweiten Hälfte des 19. Jahrhunderts fanden. Eine geborgene Flasche mit der Aufschrift *1853 G CALDCLEUGH DURHAM* wurde ans Landesamt für Kultur und Denkmalpflege übergeben. Dieser eigentlich sehr schlüssige Beleg für eine frühere Datierung des Wracks genügte jedoch anscheinend noch nicht, um die offiziellen Ergebnisse, es wäre eine Maschine, die erst nach 1920 benutzt worden war, zu revidieren.

Einen endgültigen Aufschluss zur Identität des Wracks könnte die weitere fotografische Dokumentation und Auswertung der gesamten Wrackstelle erbringen. Möglicherweise befinden sich am Wrack auch noch Schilder mit dem Schiffsnamen, Typenschilder an den Maschinenteilen oder die Schiffsglocke. Ebenfalls könnte die Bergung und Untersuchung der Porterflaschen und anderer Keramik Aufschluss zur sicheren Identität der GROSSFÜRST CONSTANTIN erbringen, die ein wichtiges Zeugnis zur Schiffbaugeschichte und Industrialisierung in Mecklenburg-Vorpommern darstellt.

Englische Porter-Bier-Flasche, um 1850.

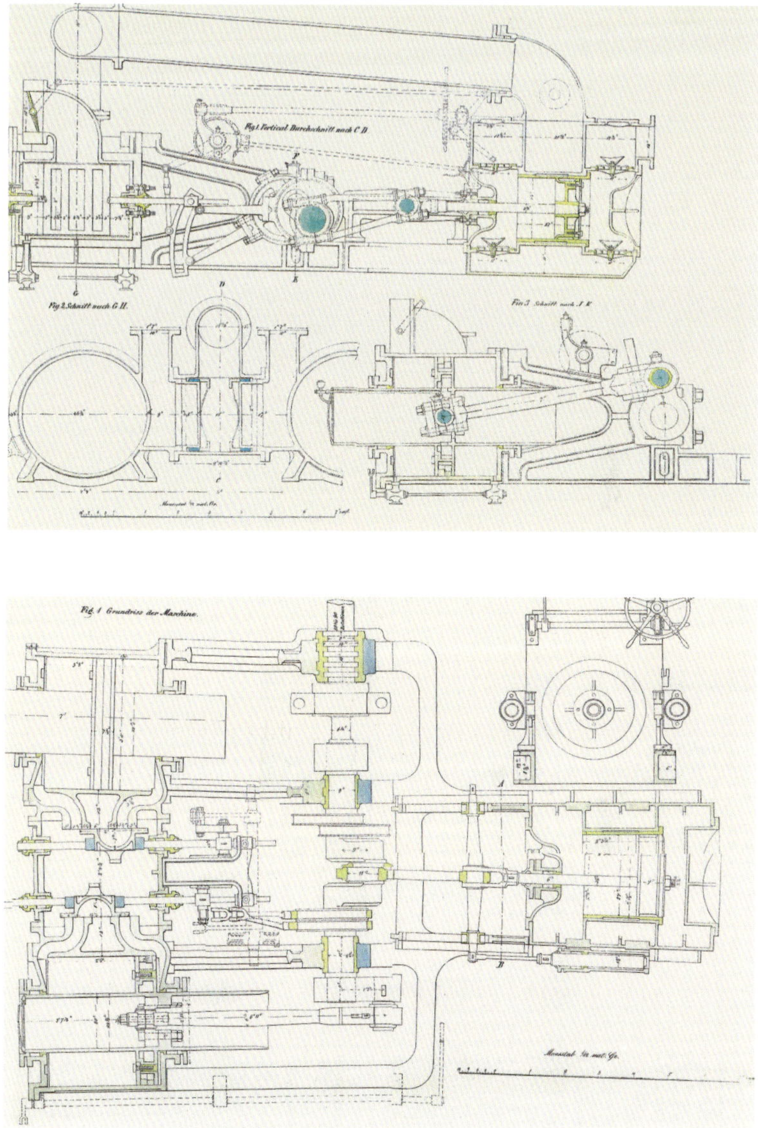

Schnitt durch die »60pferdige Maschine des Prinz Constantin, Postschiff zwischen Rostock und Petersburg«.

Strandung und Untergang vor Glowe – Der Schoner Auguste von 1894

Mit Hilfe des Wracksuchschiffs Deneb war am 17. August 1995 in der Tromper Wiek ein hölzernes Wrack entdeckt worden. Zur genaueren Bestimmung hatten die Taucher bereits hölzerne Konstruktionsteile abgeborgen, die sich recht schnell als Aufsatz einer Winde identifizieren ließen. Eine hölzerne Welle mit eisernen Zahnrädern gehörte zu einem größeren Bratspill, auf den dieses Stück mittels einer noch vorhandenen hölzernen Wange aufgesetzt wurde. Ganz augenscheinlich dienten diese Teile zur Bedienung des laufenden Gutes, der beweglichen Teile der Besegelung. Nach der Art der Ausführung konnte das Spillteil im 19. Jahrhunderts gefertigt worden sein.

Bereits wenige Tage später herrschten wieder günstige Wetterverhältnisse, um das etwa 16 Meter tief vor Glowe in der Tromper Wiek liegende Wrack mit dem Schlauchboot anzufahren und zu betauchen. In dem grünlichen Wasser der Ostsee war zuerst einer der Steven des Wracks zu erkennen, der wie ein gewaltiges gebogenes Horn fast vier Meter aus dem Schiffskörper herausragte. Eiserne Beschläge an dem Balken deuteten darauf hin, dass es sich um den Achtersteven handelte. In die Beschläge wurde ursprünglich das Ruder eingehangen. Wenig später ließen sich das Spantengerüst des Schiffes erkennen, dass wie das Skelett eines großen urzeitlichen Tieres auf dem Grund der Ostsee lag. Die Beplankung war größtenteils von den Spanten abgefallen und vertrieben – ein Hinweis darauf, dass ausschließlich – mittlerweile korrodierte – Eisennägel zur Befestigung der Planken verwendet worden waren. Das Vorschiff wies stärkere Zerstörungen auf. Zu erkennen war aber noch eine große Winde, das Bratspill, von dem die Taucher des BSH bereits Teile geborgen hatten. In dem Wrack konnte noch die Ladung festgestellt werden, die aus einer großen Menge rosafarbener Steine bestand. Bei einer genauen Begutachtung des Achterschiffes fiel auf, dass dort mit nur wenig Schlick bedeckt Keramikgefäße, Positionslampen und andere Gegenstände der Schiffsausrüstung lagen. Abschließend wurden noch mit Maßbändern und Zollstöcken die wichtigsten Maße des Schiffes aufgenommen, dessen Reste eine Länge von 21 Metern und eine Breite von fünf Metern hatten.

◄ Der Steven des Wracks. Eine Taucherin untersucht das Spantenskelett des vor Glowe gesunkenen Schiffes.

Einen wichtigen Ansatz für die Recherche bieten die »Nautischen Mitteilungen für Seefahrer«. Für den 1. Dezember 1894 war hierin vermerkt, dass der Schoner Auguste mit einer Ladung Feldspat am 24. Oktober vor Glowe in der Tromper Wiek eine Grundberührung gehabt hatte und auf 16 Meter Tiefe versunken war. Am 5. Januar 1895 wurde ergänzt, die Masten wären beseitigt worden.

Weitere Recherchen ergaben, dass das Schiff unter dem Kommando von Kapitän Stark auf der Reise von Svinninge bei Stockholm nach Stettin war. Die angegebene Untergangsposition liegt zwar fast anderthalb Seemeilen westlich der aktuellen Wrackposition, aber es ist nicht selten, dass beim Untergang die Position nur noch sehr wage geschätzt wird. Häufig können auch Schiffe mit schwerer Fracht noch mit einem gewissen Restauftrieb über den Grund vertrieben werden.

Schoner	**Auguste**
Herkunftsland:	Deutschland
Heimathafen:	1878 Altwarp; 1875 Ziegenort; 1870 Wolgast
Unterscheidungssignal:	JHNT
Eigner:	1883: Schiffer E. A. F. W. Stark, Altwarp; 1882: H. Müller, Wolgast mit Korrespondenzreeder Julius Penning, Altwarp; 1877: Kapitän A. Ferdinand Rasch, Altwarp; 1870: Kapitän Friedrich Wilhelm Ferdinand Krauthoff, Reeder H. Gillischewski, Wolgast
Kapitän:	Schiffer E. A. F. W. Stark
Besatzung:	1 Offizier, 3 Mannschaften
Erbaut:	1870 bei Heinrich Brüsewitz in Ziegenort
Umbauten:	1872 Schiff repariert; 1879 Schiff geöffnet und repariert; 1882 Schiff besichtigt, repariert und kalfatert; 1888 Schiff geöffnet, besichtigt, repariert und kalfatert
Indienststellung:	1870
Verbleib:	Am 24.10.1894 in der Tromper Wiek bei Glowe gesunken.
Rauminhalt:	62 NRT
Länge, Breite, Tiefgang:	21,84/5,38/2,40 m
Antrieb:	Segel, schonergetakelt, 2 Masten
Einsatzradius:	Nord- und Ostsee

Ein erster wichtiger Ansatz zur Identifizierung des Wracks war der Hinweis auf die Feldspatladung. Bei den rosafarbenen Steinen, die beim Tauchgang entnommen wurden, handelte es sich auch eindeutig um dieses Material.

Kapitän Herbert Karting, ein ausgewiesener Kenner der deutschen Segelfahrzeuge, konnte bei der Bestimmung des Fundes weiterhelfen. Nach seinen Angaben wurde die Auguste 1870 in Ziegenort in der Werft von Brüsewitz erbaut. Das Schiff war ein Neubau für Kapitän Wilhelm Krauthoff aus Ziegenort. Bereedert wurde es durch die Korrespondenz-Reederei Gillischewski in Wolgast. Das Schiff besaß die Klasse, d.h. die Zulassung, für die Ost- und Nordsee. Der Schoner wurde aus Eiche gefertigt, nur sein Kiel bestand aus Buchenholz. Für die Verbindungen wurden im Überwasserbereich eiserne und für's Unterwasserschiff verzinkte Bolzen genutzt. Mit einer Länge von 21,84 und einer Breite von 5,38 Metern deckten sich auch diese Daten zur Schiffsbauart und -größe mit denen der archäologischen Beobachtungen.

Weitere Hinweise erbrachte die Recherche in der Stralsundischen Zeitung.

26.10.1894: *Breege, 25. Oktober. Heute Vormittag sank ein beim hiesigen Verein versicherter, in Ziegenort beheimateter, von Schiffer Stark geführter Schooner. Name noch unbekannt. Die Mannschaft rettete sich in eigenem Boot und landete auf die Schaabe. Das Schiff hat Feldspath von Schweden geladen.*

27.10.1894: *Wiek auf Rügen, 26. Oktober. Der gestern in der Tromper Wiek gesunkene Schooner heißt »Auguste«, Kapitän Stark aus Altwarp. Das Schiff war von Stockholm nach Stettin bestimmt. Die Mannschaft ist, wie schon mitgeteilt, gerettet. Näheres folgt.*

28.10.1894: *Wittow, 26. Oktober. Versichert ist das Schiff, wie schon erwähnt beim Rügenschen Schiffs-Versicherungs-Verein mit 4500 Mark. Heute früh ist die Besatzung nach Stralsund gereist, um Verklarung abzulegen. Auch werden die Leute demnächst abgemustert werden. Der Bergungsdampfer »Rügen« ist telegraphisch berufen worden. Ob derselbe versuchen wird, das Fahrzeug zu heben, darf man bei dem geringen Wert bezweifeln.*

28.10.1894: *Breege, 25. Oktober. Zu dem von uns bereits gemeldeten Schiffsunfall erfahren wir von der Besatzung folgendes: Das in Ziegenort gebaute Schiff wurde von Schiffer Stark aus Altwarp geführt. Das Schiff kam mit Feldspath beladen von Stockholm und war nach Stettin bestimmt. Die Höhe von Jasmund war erreicht, als der*

Die AUGUSTE *sah ähnlich wie der im Vordergrund im Hafen von Sassnitz liegende Schoner aus. Historische Postkarte um 1900.*

Südost so hart wurde, daß der Kapitän beschloss, hinter Jasmund zu ankern. Um dieses Vorhaben auszuführen, mußte noch eine Strecke gesegelt werden. Da der Wind stärker wurde, mußten die Segel gerefft werden. Während dieser Arbeiten stand der Kapitän am Steuerruder. Die Mannschaft war beim Reffen des Schoonersegels beschäftigt, als plötzlich eine Böe einfiel, welche die Segel back legte. Der Diek

Der Dampfer Rügen *war an zahlreichen Schiffsbergungen vor der Insel Rügen beteiligt.*

des Großsegels schor aus, der große Baum brach und das Großsegel flatterte fort. Gleichfalls ging der Draußenklüver über Bord. Man warf das Loth und fand noch genügend Wasser. Plötzlich jedoch stieß das Schiff auf und begann schon nach vorne zu sinken. Die Besatzung machte das Boot klar und konnte noch, jeder Mann mit einem Arm voll Kleidungsstücke, in dasselbe hinein. Gleich darauf sank die »Auguste« in eine Tiefe, daß die Mastspitzen zirka 1 Meter aus dem Wasser hervorragten. Dies war in der Nacht um 12 Uhr. Die drei Mann der Besatzung landeten dann um 2 Uhr auf der Schaabe und verblieben an der Landungsstelle bis zur Dämmerung. Dann wurden sie von zwei Arbeitern getroffen. Diese führten den Kapitän nach Breege, wo derselbe um zirka 8.30 Uhr bei dem Vertreter des Rügenschen Schiffs-Versicherungs-Vereins, bei welchem das Schiff versichert ist, anlangte.

Die beiden Leute trafen um 11 Uhr in Breege ein und begaben sich soeben mit zwei hiesigen Fischern nach dem Schiffsboote, um dasselbe zur Landungsstelle der hiesigen Fischer zu bringen.

Bergungsdampfer	**Rügen**
Herkunftsland:	Deutschland
Werft:	vormals Möller & Holberg, Stettin
Material:	Stahl
Heimathafen:	Greifswald
Unterscheidungssignal:	JHQT
Eigner:	Reederei August Spruth, Greifswald (1885–1928); Firma F.W. Koepke (ab 1928), Stolpmünde
Kapitän:	Herrmann Peters (ab 1887); Paul Rehren (1905–1914); H. Wendtland (1914–1918); Freihstel (1918–1920); Mittelstedt (1920–1928)
Gebaut:	1884/1885
Umbauten:	Mai 1894
Indienststellung:	April 1885
Verbleib:	Mit dem Verkauf an den Konsul Koepke wurde die Rügen von Stettin aus auch für die Fracht- und Passagierschifffahrt eingesetzt. Der weitere Verbleib des Dampfers ist unbekannt.
Rauminhalt:	221 BRT/203 NRT
Länge, Breite, Tiefgang:	35,14 (1894 verlängert auf 39,84 m)/6,37 (6,78)/3,20 m
Antrieb:	Zweifach-Expansions-Dampfmaschine 320 PS, gebaut von J. Kesseler, Greifswald, Kessel gebaut von Möller & Holberg, Stettin
Einsatzradius:	Ostsee

30.10.1894: *Breege, 26. Oktober. Der Bergungsdampfer »Rügen« ankerte unterhalb der Badestelle in der Tromper Wiek. Derselbe war bei der verunglückten »Auguste«. Die Besatzung des Dampfers sagte folgendes aus: Das Schiff liegt auf 16 Meter Wasser. Der Taucher war herunter und fand ein Loch unter dem Bug, welches zirka einen halben Meter breit war. Masten und Segel sowie Tau-*

gut sind noch zu bergen, jedoch ist der Vertreter des Versicherungsvereins nicht anwesend, so dass keine Abmachungen erfolgen können. Bei günstigem Wind kann auch die Ladung geborgen werden. Die »Auguste« liegt unter Ruschvitz, zirka eine Viertel deutsche Meile von Land entfernt.

31.10.1894: *Wittow, 29. Oktober. Über der »Auguste«, deren Unfall in der Sonntagsnummer (28. Oktober 1894) ausführlich beschrieben ist, scheint an der rügenschen Küste ein besonderer Unstern zu schweben. Vor nunmehr 11 Jahren, am 30. Juli 1883, fiel in der Nähe vom Darßer Ort der damalige Führer desselben, Kapitän Müller, in der Mittagsstunde über Bord. Leider konnte der jetzige Kapitän, der damalige Steuermann Stark, seinen Schiffer nicht retten, obgleich derselbe noch zirka vier Minuten hinter dem Schiff herschwamm und laut rief. Der Ärmste ertrank und fand seine Ruhestätte in Wiek auf Wittow, also in der Nähe der Stelle, wo nun seine »Auguste« gesunken ist. Diesmal hatte der Kapitän mehr Glück da er sogar um Mitternacht sein und seiner Leute Leben retten konnte.* Bei dieser Meldung handelt es sich vermutlich um einen Fehler, der in dem für das 19. Jahrhundert häufigen Schiffsname AUGUSTE zusammenhängt. Schiffer Stark kaufte bereits 1878 dem ebenfalls in Altwarp ansässigen Schiffer Rasch das Schiff ab, das fortan und nicht erst seit 1883 unter seinem Kommando fuhr.

1.11.1894: *Wiek a.R., 30. Oktober. Hier eingegangener Nachricht zufolge ist der bei Glowe gesunkene Schooner »Auguste« durch die letzten Stürme wrack geworden. Das Fahrzeug hat einen tarierten Werth von 6000 Mark, während dasselbe, wie bereits berichtet, nur mit 4500 Mark beim Rügenschen Schiffsversicherungs-Verein versichert war. Der Kapitän erleidet sonach einen nicht unbedeutenden Schaden, zumal auch der größte Theil seiner Effekten verloren ist.*

Der Fall der AUGUSTE wurde schließlich am 24. November 1894, einen Monat nach dem Untergang, vor dem Seeamt in Stettin verhandelt. Hier stellte man fest, dass der Unfall durch plötzlich von Süd nach West umspringenden und zunehmenden Wind verursacht worden war. Diese Verhältnisse hatten den Schiffer daran gehindert, eine von ihm beabsichtigte Halse schnell genug auszuführen, wodurch das Schiff dem Lande zu nahe kam und strandete. Den Schiffer traf daher keine Schuld.

Für die weiteren Untersuchungen am Wrack war nun auch der Hinweis von Belang, dass der Kapitän und die Besatzung nur mit dem Nötigsten das Schiff vor dem Untergang verlassen hatten. Ein breites Spektrum an Ausrüstungsgegenständen am Grund war daher zu erwarten, die einen geschlossenen maritimen Fundkomplex zur Segelschifffahrt des ausgehenden 19. Jahrhunderts darstellen würden. Da Wrackpositionen eine Gefährdung für die Schifffahrt und Fischerei darstellen, werden sie durch das Bundesamt für Seeschifffahrt und Hydrographie veröffentlicht. Dies traf auch auf die über vier Meter aus dem Grund ragenden Wrackreste der AUGUSTE zu. Es war zu erwarten, dass das Wrack auch durch andere Taucher frequentiert werden würde. Mehrfach konnten dabei, gerade im Bereich der Tromper Wiek, Schäden und Plünderungen an den Fundplätzen beobachtet werden. In Abstimmung mit dem Archäologischen Landesamt fasste man den Entschluss, die AUGUSTE umfassend zu dokumentieren und gefährdetes Fundmaterial zu bergen. Das betraf besonders, das Achterschiff, in dem bereits frei zugänglich diverse Fundstücke beobachtet werden konnten.

Schon im September 1995 hatte man mit einer Freilegung des Wracks begonnen, die im Frühsommer 1996 durch eine mehrtägigen Einsatz mit dem Forschungskutter SEEFUCHS abgeschlossen werden konnte. An der AUGUSTE wurden Tauchscooter verankert, die sonst zum Schleppen von Tauchern dienen, um große Areale abzusuchen. Mit den Scootern wurde über der Fundstelle eine natürliche Strömung erzeugt, die eine kontrollierte Freilegung des Achterschiffs erlaubte. Schon nach der Entfernung von wenigen Zentimetern Schlick trat ein umfangreiches Inventar zu Tage. Im Achterschiff, als Wohn- und Arbeitsraum des Kapitäns und der

^ *Fundstück auf der* Auguste*: Der Oktant befand sich noch in seiner Holzkiste.*

Besatzung konzentrierten sich die Artefakte. Der Raum im scharf gebauten Achterschiff hatte ursprünglich eine Länge von etwa 3,5 und eine Breite von maximal 4 Metern. Abgetrennt war die Logis der Mannschaft über ein hölzernes Schott vom Laderaum. Dieses brach vermutlich beim Untergang, sodass ein Teil der Feldspatladung diesen Raum partiell verschüttete. Bei der Grabung musste so auch ein Teil des Feldspates beräumt werden.

Das geborgene Fundmaterial ließ sich entsprechend seiner Funktion einteilen. Zu den »Effekten des Kapitäns« gehörten seine Navigationsgeräte. Gefunden werden konnte ein Bleilot zur Tiefenbestimmung, mit dem vermutlich, wie überliefert, noch kurz vor dem Untergang die Tiefe gemessen wurde. Ein Oktant, mit dem über die Winkelberechnung die Position bestimmt wurde, gehört zu den kostbarsten Fundstücken. Er befand sich noch in seiner hölzernen Kiste, die kunstvoll aus schwarzem Ebenholz gefertigt war. Die Skalierung hatte man auf einem Streifen Elfenbein eingeritzt, die Metallteile bestanden aus Messing.

Dazu konnten ein Navigationslineal, ebenfalls aus Ebenholz, ein Zirkel aus Messing sowie ein großes Fernrohr gefunden werden. Eine mit Holz eingefasste Schiefertafel diente vermutlich zum Aufzeichnen von Notizen während der Fahrt. Nur in Resten konnten Teile eines Kronenkompasses gefunden werden. Diese sehr kunstvollen Instrumente besaßen als Aufsatz meist eine kleine Messingkrone und wurden hängend in der Kajüte des Kapitäns angebracht. So konnte er auch während seiner Ruhezeiten den Kurs des Schiffes kontrollieren. Ausgeleuchtet wurde die Kajüte von einer Petroleumlampe in einer schwingungsfreien Aufhängung, deren Messinghalterung aus einem kunstvoll gefertigten Delfin bestand. Ebenfalls spendete ein Kerzenleuchter aus weißem Porzellan Licht. Aus der Kajüte stammende Filzpantoffeln entsprachen der Schuhgröße 46 und deuten auf einen großen Menschen als Träger hin. Teilweise erhalten, teilweise zerscherbt waren die großen kugelförmigen Gläser von vier weiteren Petroleumlampen, bei denen es sich nach Färbung des Glases um grüne und rote Positionsleuchten für die Kennzeichnung der Steuer- und der Backbordseite sowie um ein klares Glas handelte, das als Topplicht Verwendung fand. In der Nähe konnte eine Flagge geborgen werden, auf der noch schemenhaft das Unterscheidungssignal zu erkennen war.

Weiteres Fundstück auf der *Auguste*: ein Tintenfass.

Auch die Schiffsglocke ließ sich im Bereich des Achterschiffs entdecken. Zu den weiteren Ausrüstungsteilen können eine Anzahl verschiedener Ersatzblöcke gerechnet werden, die als Rollen in der Takelage Verwendung fanden sowie diverse Pinsel und Spatel für die erforderlichen Farbarbeiten an Bord. Auch Anstrichstoff, charakteristisch riechendes Steinkohlenteer, das sogenannte Karbolineum, befand sich noch in einer verschlossenen Flasche. Weitere Flaschen beinhalteten vermutlich Wein oder Schnaps. Das vorwiegend an Bord konsumierte Getränk dürfte jedoch Bier gewesen sein. Der Verbrauch des – meist niederprozentig gebrauten – Getränks betrug auf Schiffen etwa vier Liter pro Tag, wie bereits aus Quellen des 17. Jahrhunderts zu erfahren ist. Auch wenn ein Fass beim Untergang zerschlagen oder von Bord gespült worden war, so zeugten zumindest ein Lederettikett eines Fasses sowie ein hölzerner Zapfhahn vom Genuss des Bieres. Die Besatzung hatte demnach ein Zweihundertliterfass einer Königsberger Brauerei mit an Bord. Ein dazugehöriges Bierglas lag ebenfalls in der Nähe dieser Fundstücke. Zur Ausstattung der Schiffsküche zählten weiterhin drei Steinzeugkrüge, Tassen, Teller und eine Zuckerdose.

Die Schiffsglocke der *Auguste*.

Das Spektrum an Fundstücken spiegelt die Lebensumstände an Bord von Segelschiffen wieder, sodass diese Materialien auch bereits für eine temporäre Sonderausstellung zum Schicksal der Auguste im Museum für Unterwasserarchäologie in Sassnitz genutzt wurden.

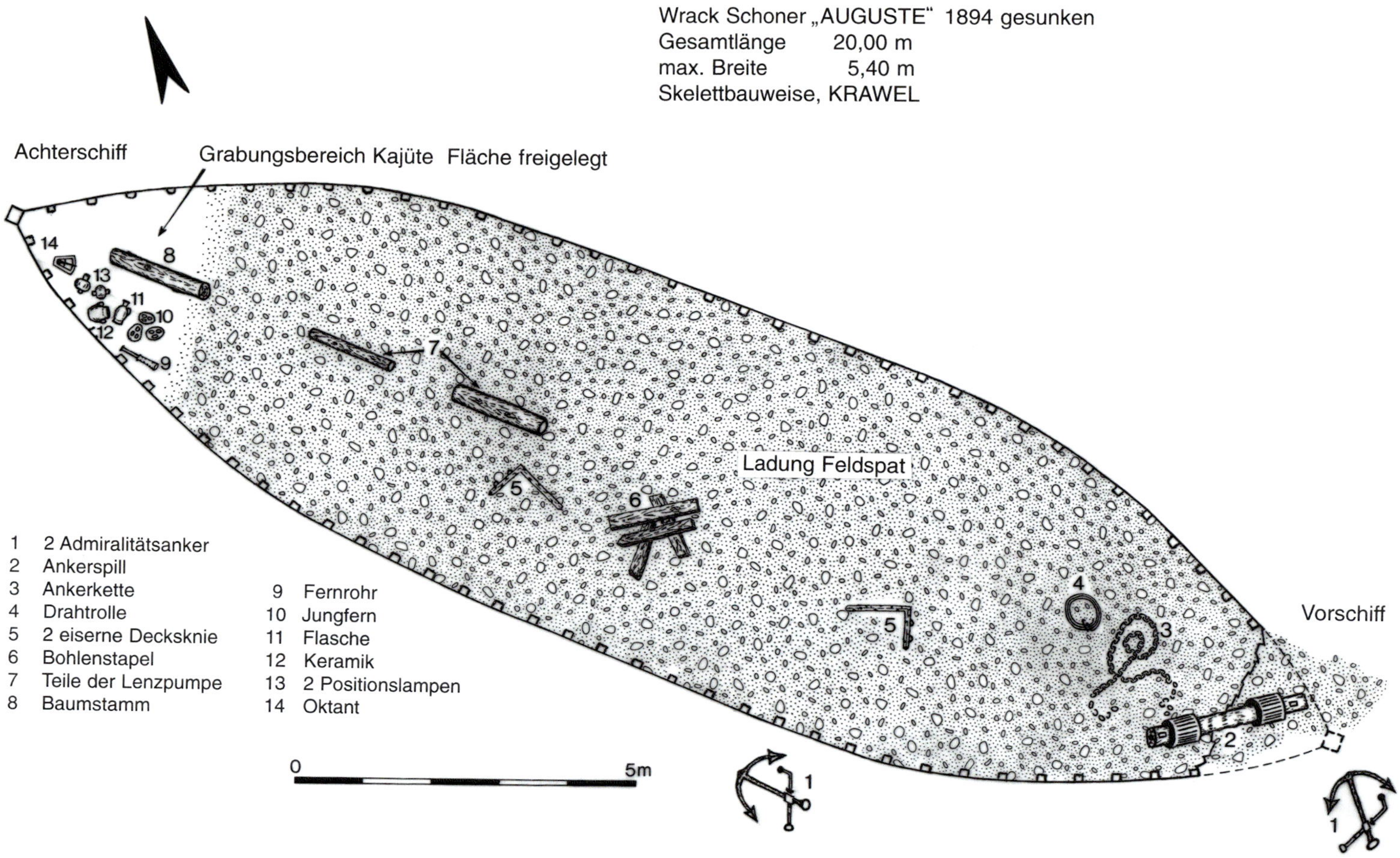

Zeichnung des Fundkomplexes der Auguste.

▲ *Auftauchen nach einer spannenden Expedition am Wrack der Auguste.*

Ein zeitgenössischer Stich zeigt die dramatische Rettung der Besatzung der REX *durch die Männer der Deutschen Gesellschaft zur Rettung Schiffbrüchiger.*

Der »Schwan der Ostsee« – Das tragische Ende des Postdampfers Rex vor Lohme

Postdampfer	**Rex**
Herkunftsland:	Schweden
Heimathafen:	Trelleborg
Eigner:	Gustaf O. Wallenberg Rederi Aktiebolaget Sverige - Kontinenten
Kapitän:	Freiherr A. C. C. von Hermelin
Besatzung:	28 Besatzung & Bedienung
Erbaut:	1897, James Laing Werft in Sunderland für 22 000 £ bzw. 600 000 M
Indienststellung:	30.4.1897 auf der Route Sassnitz – Trelleborg
Rauminhalt:	1214 BRT
Länge, Breite, Tiefgang:	68,90 / 10,70 / 3,70 m
Antrieb:	2 Dampfmaschinen Maschinen mit je 1900 PS + 4 Röhrenkessel mit je 12 Atmosphären Druck
Geschwindigkeit:	15 Knoten
Einsatzradius:	Postdampfer auf der Strecke Trelleborg–Sassnitz
Verbleib:	Am 27.2.1900, 4:20 Uhr auf der Fahrt von Trelleborg nach Sassnitz bei Blandow – Nardevitz gestrandet. Das stark beschädigte Schiff wurde aufgegeben und abgewrackt.

In den vergangenen Jahrhunderten wurden viele Schiffsuntergänge von der gläubigen Küstenbevölkerung als »gottgewollt« hingenommen. Die Bewohner Rügens waren häufig Seeleute oder Fischer und dadurch gut mit den Gefahren auf See vertraut. Seeunfälle und Schiffsverluste gehörten zum harten Arbeitsalltag dazu. Aber manche tragischen Ereignisse erregten doch eine große Aufmerksamkeit und blieben teilweise bis in unsere Tage im öffentlichen Bewusstsein präsent. Zum Teil weil die Schiffe große Bedeutung genossen oder weil der Seeunfall tragisch verlief. Dazu gehört beispielsweise die Strandung des schwedischen Postdampfers Rex an der Küste vor Lohme auf Rügen.

Die Entdeckung des Wracks und die Erforschung des Schicksals der Rex hat eine große Bedeutung für die Geschichte der Postdampfer- und Fährlinie zwischen Schweden und Deutschland. Am 1. Mai 1897 hatten der deutsche Dampfer Imperator und der schwedische Dampfer Rex den Linienverkehr zwischen den beiden Ostseeanrainern aufgenommen. Aufgrund des ständig wachsenden Güter- und Personenverkehrs wurde die Postdampferlinie nach einem Staatsvertrag zwischen dem Deutschen Reich und dem Königreich Schweden schließlich ab dem 15. November 1907 in eine Eisenbahnfährlinie umgewandelt, die als sogenannte Königslinie noch heute besteht.

Der Sassnitzer Heimatforscher Wulf Krentzien beschäftigte sich intensiv mit dem Schicksal des Postdampfers. Seine Arbeiten gaben die Anregung für die Unterwasserarchäologen von archaeomare e.V., das Wrack zu lokalisieren und zu untersuchen. Wichtige Informationen erhielten sie durch den Lohmer Peter Müller, der auch besser als »Steinmüller« bekannt ist. Müller ist ein Kenner der Geschichte des Ortes Lohme und verfügt über eine umfang-

Im Umfeld des Wracks konnten verschiedene Einzelteile wie Bleirohre und ein Ventil aus dem Maschinenraum entdeckt werden.

reiche Sammlung von Postkarten aus der Region. Eine ganze Kollektion dieser historischen Ansichten zeigt das Wrack des gestrandeten Dampfers. Der aus Lohme stammenden Grafikerin Antje Bartel war die Rex aus den Geschichten der alten Einwohner sehr gut bekannt. In einem ihrer Kinderbücher spielt der Postdampfer sogar eine tragende Rolle. Mit den Postkarten vom Steinmüller und mit der Ortskenntnis von Antje Bartel wurde versucht, das Wrack zu finden.

Antje Bartel hatte den Strand nach charakteristischen großen Steinen abgesucht, die auch auf den historischen Aufnahmen zu sehen sind. Aufgrund ihrer Beobachtungen erstellte sie für die Taucher eine Peilung nach Landmarken, die diese dann am 21. April 2012 überprüften. Bei kaltem, aber sehr klarem und sonnigem Wetter machten sich die Forschungstaucher mit einem großen Festrumpfschlauchboot auf den Weg. Vom Hafen Glowe ging es zur potentiellen Untergangsstelle des Postdampfers in der Nähe von Lohme. In Ufernähe wurde die Fahrt gedrosselt und das Schlauchboot lief die gepeilte Stelle an. Auf der ermittelten Position konnten bei dem klaren Wasser schon schemenhaft die Strukturen eines Wracks ausgemacht werden. Wenig später tauchte die erste Gruppe ab und überzeugte sich, dass auch noch nach über 112 Jahren Reste des Postdampfers auf dem Meeresgrund überdauert hatten. In nur anderthalb bis drei Metern Tiefe befanden sich noch ein über 30 Meter langes und acht Meter breites Teil des genieteten eisernen Schiffsbodens. Aber auch stark verbogene Rohre, zerdrückte Bullaugen, Beschläge und Bodenfliesen lagen um das Wrack verstreut. Reste einer Dampfmaschine oder weiteres Inventar des Schiffes konnten nicht gefunden werden und zeugen davon, dass das Wrack nach seiner Strandung zum größten Teil geborgen wurde.

Die Tauchuntersuchungen erbrachten den Beleg, dass die Rex hier ganz in der Nähe von Nardevitz gestrandet war. Bislang war die Untergangsstelle wesentlich dichter vor Lohme vermutet worden. Nach dem Tauchgang und bei dem frühlingshaftem Wetter fragten sich die Forscher, wie das Schiff hier stranden konnte und warum dessen Ende für einige Besatzungsmitglieder so tragisch verlief, da die Reste der Rex ja kaum 50 Meter vom Ufer entfernt entdeckt werden konnten. Aufschluss gaben zahlreiche zeitgenössische Berichte von der Strandung.

Der Stralsunder Hafenbericht vermeldet noch für den 24. Februar 1900 bei nebligem Wetter leichten südlichen Wind bei über 8°C. In den darauffolgenden Tagen fiel die Temperatur auf -3°C, der Wind nahm zu und wehte am 27. Februar als steife Brise aus nordöstlichen Richtungen. Schneefall behinderte dabei die Sicht. Der Postdampfer Rex verließ bei diesen Wetterverhältnissen am Abend des 26. Februar den Trelleborger Hafen in Richtung Sassnitz. In dunkler Nacht und bei der durch Schneefall eingeschränkten Orientierung änderte der Dampfer zu früh seinen Kurs in südliche Richtung und geriet westlich von Lohme auf den Strand. Die

Seenotretter von Lohme erhielten aus Nardevitz Nachricht von der Strandung. In deren Chronik wurde das Ereignis aus ihrer Sicht geschildert:

Am 26. Februar [Die Strandung ereignete sich am 27. Februar, um 4.20 Uhr. d. Verfasser.] strandete bei schwerem Nordostwind und Schneetreiben bei Bisdamitz 3 km westlich von Lohme der schwedische Postdampfer Rex. Zwei Mitglieder der Rettungsmannschaft liefen am Ufer nach Bisdamitz. In der Nähe von Blandow, auf der halben Strecke zur Strandungsstelle, fanden sie einen Schiffbrüchigen, der dort zusammengebrochen war. Einer der Rettungsmitglieder brachte den Kranken in Sicherheit, der andere lief weiter und fand auch den Dampfer. Der Kapitän hatte Oel zur Schlichtung der See ausgegossen, ein Boot mit 5 Stuartessen und zwei Mann an der Landseite zu Wasser gelassen. Das Boot ist aber gleich gekentert. Ein Mann und die Stuartessen sind ertrunken. Der zweite Mann war der am Ufer gefundene. Alle übrigen Besatzungsmitglieder wurden mit der Hosenboje an Land geholt. Der Rex brach in kurzer Zeit auseinander und ist auch dort geblieben.

Neben dem kurzen sachlichen Bericht der Seenotretter bewegte das Thema über mehrere Tage die Zeitungen auf der deutschen und der schwedischen Seite. Die Trelleborger Zeitung berichtete bereits am 27. Februar in einem Extrablatt:

Schiffbruch des Postdampfers »Rex« Tragödie an der Küste Rügens. *Gesamte weibliche Besatzung ertrunken! Laut eingegangenem Telegramm aus Sassnitz ist heute Nacht der Postdampfer »Rex« auf der Reise von Trelleborg 20 km nördlich von Lohme auf Rügen gestrandet. Steuermann Lysander, Postbeamter Carlsson und Restaurateur Uggla sowie 4 Matrosen und 5 Frauen stiegen in ein Rettungsboot. Alle erreichten Land außer die Frauen, die alle ertranken. Die Passagiere, 5 an der Zahl, sowie die übrige Besatzung, nebst Kapitän Hermelin, waren noch an Bord, als das Telegramm gesendet wurde. Die Lage des Dampfers ist kritisch. Schwerer Sturm und schwerer Seegang sind vermutlich die Ursachen des Unglücks.*

Der Postdampfer Rex, auch »Schwan der Ostsee« genannt, im Sassnitzer Hafen. Ansichtskarte um 1900.

Während diese Schilderung hinsichtlich des gekenterten Rettungsbootes noch einige Fehler enthielt, erschien in der Stralsunder Zeitung am 4. März 1900 ein sehr detaillierter Bericht:

Es herrschte tiefschwarze Nacht, als der große Dampfer gegen Morgen auf den flachen Grund in der Nähe von Stubbenkammer auflief, so daß man das Boot, das unter Führung des ersten Steuermanns, Leutnant Lysander, ins Wasser gesetzt war, um ein Tau ans Land zu bringen, sogleich aus den Augen verlor. Ein anderes Boot wurde in Bereitschaft gehalten, da man jeden Augenblick fürchtete, daß der Dampfer in Stücke gehen würde. Es waren unheimliche Stunden, die man in der Dunkelheit verlebte. Der schneidend kalte Sturm ging durch Mark und Bein, der Nebel war undurchdringlich, die Wogen rollten donnernd gegen die Schiffsseite, und in dem Lärm ertönte unaufhörlich die Dampfpfeife. Der Kapitän, der allen an Bord Befindlichen Rettungsgürtel austheilen ließ, hatte Anweisung gegeben, daß, wenn das Schiff kenterte, alle ins Wasser springen und an Land zu kommen suchen sollten. Noch düsterer gestaltete sich die Lage, als die Maschinen vernichtet wurden und das elektrische Licht erlosch, und erst beim Morgengrauen schöpfte man wieder etwas Muth. Man sah, wie an dem etwa 200 Meter entfernten Strande eine Menge Menschen zusammenliefen, die den Schiffbrüchigen zuwinkten. Inzwischen erschien von Lohme der Wagen mit dem Raketenapparat. Ab und zu blieb der Wagen im Boden stecken, doch griffen immer sogleich Hunderte von Händen zu, um ihn vorwärts zu bringen. Gleich die erste Rakete fiel mitten auf dem »Rex« nieder und bald war das starke Kabel am Vordermast festgemacht sowie der Rettungssack an Bord geholt. Ein deutscher Passagier wurde ersucht, darin Platz zu nehmen, doch lehnte dieser es ab, der erste zu sein, worauf ein Schwede zuerst an Land geholt wurde. Da sich der Dampfer von der einen Seite auf die andere wälzte, gestaltete sich das Rettungswerk sehr schwer. Bald wurde das Tau angezogen, bald ließ es nach, so daß die Schiffbrüchigen auf der Reise vom Dampfer zum Ufer verschiedentlich ins Wasser getaucht wurden. Die Freude der Geretteten machte einer tiefen Niedergeschlagenheit Platz, als sie am Strand die Leichen der fünf Frauen sahen. Vermutlich waren die Frauen nach dem Kentern des Bootes gegen die kolossalen Felsblöcke geschleudert worden, die an der rügenschen Küste liegen. Auch einer der Matrosen dieses Bootes ist an den erlittenen Verletzungen gestorben. Leutnant Lysander, der Führer des Bootes, hatte in der Brandung einen verzweifelten Kampf zu bestehen, und als er sich endlich auf eine Klippe schleppte, brach er bewußtlos zusammen. Der Schiffbruch des »Rex« braucht natürlich die Linie Saßnitz – Trelleborg nicht in Mißkredit zu bringen, denn das Unglück ist lediglich eine Folge der überaus schwierigen Witterungsverhältnisse in jener Nacht. Es wird allgemein anerkannt, daß der »Rex« in der kurzen Laufbahn, die ihm beschieden war, seine Fahrten in jedem Wetter mit großer Pünktlichkeit innegehalten hat. Dabei bot der »Rex« starkem Winde ein günstiges Ziel, denn er ragte so hoch aus dem Wasser empor, daß man ihm den Spitznamen »der schwimmende Wollsack« gegeben hatte. Inzwischen ist der Kapitän des »Rex«, Frhr. Hermelin, von seiner Rhederei nach Stettin gesandt worden, um den dort in Winterlagerung befindlichen Dampfer »Svea« für die Saßnitz – Trelleborger Linie zu holen. Dieser Dampfer wird so lange an Stelle des »Rex« treten, bis ein neuer Postdampfer fertig ist.

Bereits am 28. Februar liefen der Bergungsdampfer Rügen aus Warnemünde und der schwedische Bergungsdampfer Neptun aus Ystad aus, um den Dampfer zu bergen. Beide Schiffe konnten aufgrund des Wetters den Rex nicht erreichen. Erst am 6. März kam der Neptun dichter an die Unglücksstelle heran, um zu prüfen, ob der Rex noch vom Ufer abgebracht werden konnte. Durch die Macht der Wellen war dieser jedoch durchgebrochen und wrack.

Der Zerfall des Wracks schritt schnell fort und die Stralsundische Zeitung vom 9. März berichtete: *Von dem gestrandeten Dampfer »Rex« steht nur noch der Vordertheil – vom Eise fast überglasurt – in ganz geringer Entfernung vom Ufer; der Hintertheil ist zertrümmert. An der Küste zwischen Lohme und Glowe sind eine Menge Gegenstände des genannten Dampfers angetrieben und geborgen worden. Vor Nardevitz liegen ca. 50 Fuhren an zerbrochenen Tischen, Stühlen, Sophas und Spiegeln u. ferner sind von den dortigen Bewohnern Hunderte von Bettlaken, gegen 40 wollene Schlafdecken, mehrere Teppiche, Schürzen, Nachtjacken u.s.w. geborgen worden. Die meisten dieser Gegenstände befinden sich noch in gutem Zustande. Den großen Teppich des Fürstenzimmers, welcher einen Werth von 2000 M. repräsentieren soll, hat man bisher noch nicht gefunden.*

Am 25. Mai wurden die vom Wrack geborgenen Gegenstände in einer Auktion im Hotel Bellevue in Sassnitz versteigert. Auch heute befinden sich im Besitz einiger aus Lohme stammender Familien noch Gegenstände der Rex, wie ein kleines hier abgebildetes Kännchen [S. 92] zeigt.

Ein Kaufmann aus Stralsund erwarb Teile der aus Edelhölzern bestehenden Inneneinrichtung, die er wenig später als mögliche

Der Postdampfer Rex *kurz nach seiner Strandung am 27. Februar 1900.*

Ausstattung für Gartenpavillons anbot. Ein Herr Jacob aus Stavenhagen kaufte das Wrack schließlich für 6 300 Mark. Im Preis inbegriffen waren neben dem Schiffsrumpf auch die noch darin enthaltenen Inventarien und Maschinen. Die Bergungsunternehmen leisteten in der Folgezeit ganze Arbeit, wie die Taucher über einhundert Jahre später beobachten konnten. Neben der eisernen Bodenschale zeugten nur noch wenige Teile von dem einst so prachtvollen Schiff.

Kännchen, das aus dem Wrack des Postdampfers REX geborgen wurde und sich im Besitz einer alten Lohmer Familie befindet.

Der Zustand des Wracks während der Bergung im Frühjahr 1900.

Nach der Rettung der Überlebenden der REX war den Seenotrettern aus Lohme nicht viel Ruhe beschieden. Noch während der Rettungsaktion erfuhren sie, dass am Kollicker Ort ein weiterer Dampfer gestrandet war. Zur Unterstützung der dort tätigen Rettungsmannschaft aus Sassnitz machten sich die Männer aus Lohme sofort auf den Weg zur zehn Kilometer entfernten Strandungsstelle. Dort war in der Nacht vom 26. zum 27. Februar der deutsche Dampfer CHRISTIAN auf Grund gelaufen, der mit einer Ladung Kohlen auf der Reise von Sunderland nach Stettin war. Die Seenotretter konnten mittels des Raketenapparats eine Leinenverbindung zu dem Schiff herstellen und mit einer Hosenboje alle 30 Mann der Besatzung sicher an Land ziehen. Im Gegensatz zur REX gelang die Bergung des Dampfers CHRISTIAN. Nachdem die an Bord befindliche Kohle ins Meer geworfen worden war, konnte das gestrandete Schiff durch die Bergungsdampfer RÜGEN und COPENHAGEN freigeschleppt werden.

Dampfer:	**CHRISTIAN**
Herkunftsland:	Deutschland
Werft:	Rostock, Actien Gesellschaft Neptun
Heimathafen:	Stettin
Unterscheidungssignal:	JFHD
Eigner:	Renata, Dampfschiffs-Gesellschaft in Stettin
Kapitän:	Th. Gribel Stettin
Besatzung:	unbekannt
Gebaut:	1894 Rostock
Verbleib:	Am 26.2.1900 auf der Reise von Sunderland nach Stettin mit Kohle gestrandet bei Stubbenkammer. Abgeborgen.
Rauminhalt:	932 BRT/573 NRT
Länge, Breite, Tiefgang:	62,89/9,50/5,18 m
Antrieb:	Dampfmaschine 420 PS und Kessel von Actien Gesellschaft Neptun, Rostock

Der Dampfer CHRISTIAN, der am 27. Februar 1900 vor Stubbenkamer strandete. Postkarte von 1901.

◄ *Mit Zunahme der Schifffahrt im 19. Jahrhundert kam es auch zu einer sprunghaften Entwicklung des Bergungswesens. Schwimmkran der Kruppschen Werft beim Heben eines Wracks. Historische Postkarte, um 1912.*

Unterwegs mit schwerer Fracht – Die Gefahren der Küstenschifffahrt

Der Hauptanteil des Seeverkehrs auf der Ostsee hatte in den vergangenen Jahrhunderten von der Küstenschifffahrt übernommen. Eine Vielzahl an Waren wurde über die Seestädte, aber auch zunehmend über kleinere dörfliche Häfen ausgetauscht. Oft konnten die Reeder und Schiffer sehr erfolgreich agieren, sodass sie ihre Routen schließlich über die gesamte Ost- und Nordsee ausdehnten. Teilweise erlangten sie so viel Kapital, dass sie immer größere Schiffe bauen lassen konnten, um an dem Handel nach Übersee teilzunehmen.

Gerade für das 19. und beginnende 20. Jahrhundert zeugen zahlreiche Schiffswracks von der Bedeutung des Seeverkehrs für die Ostseeregion. Besonders günstige Voraussetzungen ergaben sich mit dem Krimkrieg, der ziwschen den Jahren 1853 und 1856 tobte. Mit der Blockade der russischen Häfen durch Großbritannien bestand ein großer Bedarf an Getreide und Holz. Über die pommerschen und preußischen Ostseehäfen wurden diese Waren in verschiedene europäische Länder verschifft und führten zu einer Blütezeit der Segelschifffahrt.

Ebenfalls wirkte sich die Reichsgründung von 1871 anfangs positiv auf die Schifffahrt aus. Innerhalb Deutschlands entfielen sämtliche Zölle, die vorher auch den Seehandel behindert hatten. Hinzu kam ebenfalls der reichweite Aufschwung durch die Industrialisierung, da diese einen immensen Rohstoffbedarf nach sich zog und auch die produzierten Waren auf die Märkte verteilt werden mussten. Die sich entwickelnde Dampfschifffahrt machte den bewährten Segelschiffen anfangs nur wenig Konkurrenz, da diese sehr preisgünstig betrieben werden konnten und der Faktor Zeit beim Warentransport noch nicht eine so große Rolle spielte.

Doch ergaben sich für die Schifffahrt auch zunehmend Probleme. Der Investitionsboom nach der Reichsgründung von 1871 endete schon 1873 im sogenannten Gründerkrach, einer durch Überschuldung und Überkapazität hervorgerufenen Wirtschaftskrise. Die schnell wachsende Getreideerzeugung in den Vereinigten Staaten von Amerika und in Russland sowie die Produktion preiswerter Waren im hochindustrialisierten England behinderten die deutsche Wirtschaft und führten auch im Seeverkehr auf der Ostsee zu einer Krise.

Die vom Reichskanzler Fürst Otto von Bismarck ab 1879 betriebene Schutzzollpolitik stellte eine weitere Behinderung des internationalen Seehandels dar. Die Zahl der in den deutschen Häfen wie Rostock, Stralsund oder Stettin beheimateten Segelschiffen ging in dieser Zeit rapide zurück.

Aufgrund der weiteren technischen Entwicklung wurde der Warenverkehr auf See nach und nach von den Dampfschiffen übernommen. Sie transportierten in kurzer Zeit effizient große Mengen an Gütern über See. Diese neuen Typen wurden auf den überseeischen Schifffahrtswegen, aber auch nach und nach im küstennahen Verkehr eingesetzt. Die traditionsreichen Segelschiffe konnten in dieser Zeit nur konkurrenzfähig bleiben, wenn sie Waren zu sehr günstigen Preisen fuhren und mit Dampfmaschinen, später mit Hilfsmotoren, ausgerüstet wurden. Unter dem Konkurrenzdruck wurde aber auch die Anzahl der Besatzung auf den Frachtschiffen permanent reduziert und aus Kostengründen die regelmäßige Werterhaltung der Schiffe durch ihre Eigner vernachlässigt. Diese Umstände führten infolge häufig zu Schiffsverlusten, bei denen viele Seeleute ihr Leben verloren.

Abbau, Verarbeitung und Verschiffung der Kreide auf Rügen. Nach Skizzen von W. Wollschläger, um 1880.

Die Gefahren der Kreideschifffahrt

Die weiß leuchtenden Kreidefelsen von Jasmund sind schon weit von See aus zu erkennen. Für die Schifffahrt vergangener Jahrhunderte bildeten sie eine wichtige Orientierungshilfe. Doch das »weiße Gold« Rügens sollte auch zunehmend als wichtiger Rohstoff eine große Rolle für die Küstenschifffahrt spielen. Es wird vermutet, dass ab 1720 in Binz beim Silvitzer Ort ein Ofen zur Herstellung von Branntkalk betrieben wurde. Auch die einheimischen Landwirte brachten Kreide zur Düngung auf die Felder auf. Mit der zunehmenden Industrialisierung gewann Kreide auch an Bedeutung für die Herstellung von Farben und als Schleifmittel. Aber auch die in der Kreide bzw. an den Stränden befindlichen Flintsteine wurden verwertet. Gemahlen lieferten sie das sehr reine Siliziumdioxid, das zur Produktion von hochwertigem Flintglas erforderlich war.

Bereits 1832 errichtete Friedrich von Hagenow in Greifswald eine Fabrik, die Rohkreide von der Insel Rügen zu Schlämmkreide weiterverarbeitete. Während anfangs die Kreide direkt an der Küste abgebaut und auf Schiffe verladen wurde, kam es auch zunehmend zur Erschließung von Brüchen im Inland und dem Bau von Schlämmkreidefabriken auf Rügen. Während es 1857 bereits zehn Kreidebrüche auf Jasmund gab, waren es 1885 schon 23. Durch die Insellage musste der Rohstoff mit Fuhrwerken, Feld- und Drahtseilbahnen zu geeigneten Plätze an der Küste transportiert werden. Vor der Ostküste Jasmunds beim Kollicker Ufer, dem Kieler Bach oder vor Sassnitz lagen größere Segelschiffe, die mithilfe kleinerer Ruderboote beladen wurden – ein sehr aufwendiger Prozess, der zunehmend auch in Fässern erfolgte. Da Kreide ein Massengut war, musste sie billig abgebaut und verschifft werden, sodass das der Erlös für die Kreidearbeiter und Seeleute gering war. Aber allein von 1882 bis 1884 wurden vor Jasmund 894 Kreidefrachten mit einem Gesamtgewicht von 50 000 Tonnen umgeschlagen.

Doch die Kreidefahrt war gefährlich! Für die Zeit von 1860 bis 1908 konnten 36 Schiffsunglücke in verfügbaren Schriftquellen ermittelt werden. Die Zahl der tatsächlichen Havarien mag noch wesentlich höher gelegen haben. Da die Ladung billig und die Schiffe meist alt und nicht versichert waren, wurde vermutlich nicht jeder Untergang bekannt. Soweit vermerkt, betrug das durchschnittliche Alter der havarierten Schiffe 25 Jahre. Die häufigste Untergangsursache bestand in 19 Fällen darin, dass die Schiffe zur Übernahme der rohen oder in Fässern verpackten Kreide sehr dicht unter Land lagen. Durch plötzlich aufkommende Stürme hatten sie geringe Chancen, die Segel zu setzen und die offene See zu erreichen. Sie wurden auf die großen Steinblöcke am Ufer getrieben und schnell durch die Macht der Wellen zerschlagen.

Am 17. September 1880 berichtete das Rügensche Kreis- und Anzeigenblatt von drei Schiffsuntergängen: *Putbus. Am 7. d. Mts. strandete unweit Göhren das Jachtschiff »Augusta«, Capitain Johann Arndt aus Neucamp. Dasselbe hatte Rohkreide bei Kollicker Ort geladen und ist gänzlich wrack geworden. Von dem Inventar ist nur wenig geborgen und das Schiff war unversichert. Desgleichen strandete am 10. d. Mts. 2 Uhr nachts das Jachtschiff »Farewell«, Capitain Philipsen aus Rügenwalde, unweit Binz. Dasselbe hatte Steine bei Jasmund gezangt und es ist Hoffnung vorhanden, daß dasselbe nach Entlöschung der Ladung wieder flott wird. Am 10. d. Mts. strandete bei Saßnitz der Raaschoner »Die Sonne«, Capt. Beug, mit 260 Faß Schlemmkreide beladen. Bei Eingang dieser Nachricht war der beorderte Bergungsdampfer noch nicht eingetroffen, das Schiff aber schon zwischen Steinen gesunken und die Mannschaft sowie ein Teil des Inventars geborgen. Das Schiff ist als Wrack zu betrachten.*

Auch in weiteren Meldungen des Blattes wird die häufigste Untergangsursache genannt. 17. Oktober 1881: *Die am 14. d. Mts. bei Saßnitz auf Grund gerathene »Maria Catharina«, Koch, ist zertrümmert. Die Masten des Schiffes sind schon am selben Abend nach der Strandung an Land getrieben. Das Schiff sollte zu Saßnitz Schlämm-*

Kreidebruch auf Rügen. Xylografie um 1880.

kreide nach Königsberg laden und hatte bereits 105 Faß an Bord, als der Wind sich weiter nach Süden drehte, die Ankerkette brach und somit die Strandung erfolgte.

Am 13. Juni 1885 wird gemeldet: *Wittow, den 9. Juni. Laut Depesche ist der Schooner »Emanuel«, Kipp aus Breege, bei Kollicker Ort gestrandet. Schiff voll Wasser. Mannschaft gerettet.* Das Blatt ergänzt zwei Tage später: *Ueber die Strandung selbst ist folgendes zu berichten: Das Schiff lag unter Jasmund zu Anker, um Kreide zu laden, und man hatte von der Ladung bereits soviel eingebracht, daß es damit gut geballastet war, als der Wind am 8. d. Mts. unter dichtem Nebel auf Ost sprang und es zu driften anfing. Das Laden mußte eingestellt werden, da der Seegang schnell zunahm, konnte man nur noch darauf bedacht sein, mit dem Fahrzeug so schnell wie möglich von der Küste frei zu kommen. Mit Hilfe der Kreidearbeiter gelang es auch, den Anker schnell an Bord zu hieven und versuchte man darnach, das Schiff etwas weiter vom Lande abzuwarpen. Hiervon mußte wegen zunehmenden Windes und Seegang Abstand genommen werden. Es wurden jetzt alle Segel beigesetzt. Der Schoner wollte aber in der zunehmenden See, und weil der Wind in der Nähe des hohen Ufers oft verkehrt in die Segel fiel, weder steuern noch wenden und kam sonach dem Lande näher. Schließlich mußte man wieder Anker fallen lassen, was jedoch die Strandung nicht mehr verhüten konnte. Das Wrack liegt in ca. 7 Fuß Wassertiefe.*

Zwischen den vielen großen Steinen vor der Küste Jasmunds wurden die gestrandeten Kreidesegler schnell durch die starke Brandung völlig zerstört. Trotz intensiver Suche konnte in diesem Gebiet noch kein Wrack mit Kreideladung gefunden werden. Die hier über dem Grund verstreuten Planken und Spanten sind jedoch ein Zeugnis für die zahlreichen Strandungen an dieser Küste.

Derartige Unfälle an der Ostküste Rügens gingen erst zurück, als 1889 mit dem Bau des Sassnitzer Hafens die dortigen Umschlagprozesse verbessert werden und auch Kreide über die geschützten Häfen Polchow und Martinshafen am Großen Jasmunder Bodden verschifft werden konnte. Mit dem Ausbau der Eisenbahnstrecke nach Sassnitz im Jahr 1891 und der Eröffnung des Rügendamms im Jahr 1936 verlagerte sich der Kreidetransport auch zunehmend auf die Eisenbahn.

Inventar der Geleaß August mit Kerzenleuchter, Keramiktöpfen und den Gläsern der Positionsleuchten.

Der sandige Grund westlich der Insel Hiddensee bietet bessere Verhältnisse zur Bewahrung von Wracks, da die Rümpfe der gesunkenen Schiffe meist schnell von Sand bedeckt und gut bewahrt werden. Im Rahmen des Projektes »Ostseedokumentation« untersuchten Forschungstaucher 2010 das dem Nationalpark vorgelagerte Seegebiet zwischen dem Gellen, der Südspitze der Insel Hiddensee, und dem Bock. Eine dunkle Verfärbung deutete auf eine Seegraswiese hin. Doch die Taucher entdeckten in nur wenigen Metern Tiefe die hölzerne Bodenschale eines gut erhaltenen Wracks. Darin befand sich noch die aus Rohkreide bestehende Ladung. Im Achterschiff ließen sich noch gut ein Kerzenleuchter aus Bronze, das Glas einer Positionslaterne und verschiedene Keramikgefäße erkennen. Hatten die Taucher hier ein gesunkenes Segelschiff mit Kreide – dem »weißen Gold« der Insel Rügen – gefunden? Die genaue Dokumentation des Wracks und die Recherche in den Archiven führten zu einem erstaunlichen Ergebnis. Die Ladung stammte nicht von der Insel Rügen, sondern von den Kreide- und Kalkvorkommen an der dänischen Küste Seelands. Bei dem hier gesunkenen Schiff handelte es sich um die deutsche Galeaß August, die am 2. Oktober 1893 auf der Reise von Rødvig nach Stettin am Bock gestrandet war.

Galeaß	**August**
Herkunftsland:	Deutschland
Unterscheidungssignal:	JHPL
Werft:	vermutlich Lassan
Eigner:	F. Sponholz, Lassan/Greifswald
Kapitän:	F. Sponholz
Besatzung:	2 Mann
Stapellauf/Indienststellung:	1873
Verbleib:	Am 2.10.1893 am Bock gestrandet. Wrack.
Rauminhalt:	28 NRT
Länge, Breite:	16/4,5 m
Antrieb:	Segelantrieb

Holz – ein wichtiges Handelsgut der Ostseeschifffahrt

Der Holzhandel auf der Ostsee hat eine lange Tradition. Mit dem Entstehen der Hansestädte an der südlichen Ostseeküste entwickelte sich ein großer Bedarf an Bauholz für Wohnhäuser, Kirchen und auch Schiffe. Ebenfalls wurden ungeheure Mengen Brennholz für den Brand von Ziegelsteinen und Kalk, aber auch zum Beheizen der Häuser benötigt. Schnell waren die Waldungen um die Städte abgeholzt. Nur wenige Orte lagen an Flusssystemen, wie z.B. Danzig an der Weichsel, über die tief aus dem Binnenland Holz in guter Qualität bezogen werden konnte. Diese Städte entwickelten sich zu wichtigen Lieferanten, da das Holz mit Flößen zur Küste und von da mit Schiffen weitertransportiert werden konnte. Die Ressourcen des Hinterlandes – dann auch verbessert durch eine planmäßige Forstwirtschaft – waren so groß, dass die Ausfuhr von Holz bis in unsere Tage große Bedeutung besitzt. Zunehmend beteiligten sich auch Staaten wie Schweden und Russland an dem lukrativen Handel. Hochwertiges Holz wurde von der Ostsee bis nach Großbritannien, die iberische Halbinsel und die Mittelmeerregion geliefert.

Ab dem ausgehenden 18. Jahrhundert konnte sich in einigen ländlichen Häfen Rügens die sogenannte Peene-Kopenhagen-Fahrt, der Handel mit Brennholz, etablieren. Das Material wurde von der Peeneregion, aus Hinterpommern und auch direkt von den Waldungen der Insel Rügen bezogen. Mit ihren Holzjachten transportierten die Schiffer den Rohstoff nach Kopenhagen und verkauften ihn direkt an die Abnehmer. Da keine Reeder in das Geschäft zwischengeschaltet waren, war der Gewinn für die Schiffer lohnend. Mit zeitweise kriegsbedingten Unterbrechungen florierte der Handel bis ins ausgehende 19. Jahrhundert. Danach begann die englische Steinkohle das pommersche Brennholz zu ersetzen.

Bei ihren Tauchgängen stießen die Unterwasserarchäologen wiederholt auf Wracks mit Holzladung. In größerer Tiefe mitten in der Tromper Wiek entdeckten die Taucher ein etwa 16 Meter langes Wrack. In dessen zusammengestürztem Laderaum deutete ein Wirrwarr an Balken, Bohlen und Brettern auf die ursprüngliche Holzfracht des Schiffes hin. Zwischen den Hölzern konnte ein Oktant aus Ebenholz gefunden werden. Nach seiner Form wurde er nach 1800 gefertigt und gab einen Anhaltspunkt zur Datierung des Wracks. Wenige Seemeilen entfernt konnte das Bundesamt für Seeschifffahrt und Hydrographie ein weiteres versunkenes Schiff mit einer Ladung Balken ausmachen. Das Frachtschiff sank hier vermutlich in der Wende vom 19. zum 20. Jahrhundert. Die »Nachrichten für Seefahrer« vermeldeten, dass 1927 beim Bakenberg ein unbekanntes eisernes Segelschiff mit einer Holzladung havariert war. Das noch schwimmende Schiff sei jedoch plötzlich verschwunden. Die Unterwasserarchäologen des Vereins archaeomare e.V. konnten auch dieses Schiff 85 Jahre später finden. In etwa zehn Metern Tiefe entdeckten die Taucher das kieloben liegende Wrack mit einer Bretter-Ladung. Allerdings bot auch dieser Fund nur wenige Anhaltspunkte zur Identifizierung.

Einfacher war es bei einem Wrack, das einige Seemeilen weiter an der Westküste Rügens zwischen Kreptitz und Dranske entdeckt werden konnte. Reste der hölzernen Bodenschale waren noch in den 1960er-Jahren am Strand zu erkennen. Die Interessengemeinschaft Meeresarchäologie nahm sich des Wracks bereits 1984 an. Weitere Tauchgänge durch archaeomare e.V. folgten. Der Volkskundler Wolfgang Rudolph konnte auf Grundlage der Tauchuntersuchungen mit seiner Wrackkartei maßgeblich bei der Identifizierung helfen. Es handelte sich um den deutschen Motorsegler LISA, der am 28. April 1930 hier strandete. An Bord hatte auch dieses Schiff eine Holzladung Eisenbahnschwellen, die von Flensburg nach Stettin bestimmt war.

➤ Holzladung in einem versunkenen Segelschiff, das 1927 vorm Bakenberg an der Westküste der Insel Rügen gekentert war.

^ *Die Rumpfschale der Lisa lag noch gegen Ende der 1960er-Jahre am Strand bei Kreptitz.*

^ *Der Bremer Frachter Themis strandete ebenfalls 1964 an der Nordwestküste der Halbinsel Wittow.*

Motorsegler	**Lisa**
Herkunftsland:	Deutschland
Heimathafen:	bis 1926 Kalmar, ab 1927 Stettin
Unterscheidungssignal:	JBNR
Werft:	Vaesterviks
Eigner/Kapitän:	Johannes Sturm, Stettin
Besatzung:	1 Kapitän, 5 Mann Besatzung
Gebaut:	1903 in Västervik/Schweden
Verbleib:	Am 28.4.1930 bei Kreptitz gestrandet.
Rauminhalt:	140 BRT/87,3 NRT
Länge, Breite:	29,1/6,5 m
Antrieb:	Segelantrieb, 2 Masten; ab 1915: 60 PS Svensson Motor, spätere Modernisierung ein 80 PS Bolinder Motor

Die Gefährlichkeit der Nordwestküste Rügens zeigt auch ein anderer Seeunfall. Nur wenige hundert Meter von der Unglücksstelle des Motorseglers Lisa strandete der Bremer Frachter Themis.

Die Berliner Zeitung vom 19. Februar 1964 meldete:

Stralsund. Das westdeutsche Küstenmotorschiff »Themis« ist in der Nacht zum Dienstag bei starkem Schneetreiben in der Libbeneinfahrt des Stralsunder Hafens auf Grund gelaufen.

Sogar das Neue Deutschland, die Staatszeitung der DDR, berichtete:

Themis wird geleichtert

Stralsund (ADN). In der Libbeneinfahrt zum Stralsunder Hafen haben am Sonnabend die Arbeiten zum Leichtern des 300-BRT-Küstenmotorschiffes »Themis« der westdeutschen Reederei Neptun begonnen. Das westdeutsche Schiff war in der Nacht zum 18. Februar bei starkem Schneetreiben auf Grund gelaufen. Trotz vereinter Anstrengungen der Besatzungen des DDR-Bergungsfahrzeuges »Eisvogel« und des Bergungsschleppers »Peene« konnte das westdeutsche Schiff bisher nicht frei gemacht werden. Die Ladung der »Themis« wird deshalb von drei anderen Schiffen übernommen. Die Besatzung des Küstenmotorschiffes befindet sich an Bord.

Die Bergung war schließlich von Erfolg gekrönt, das Schiff konnte vom Strand abgebracht werden.

Eine Fotografie der Strandung des Frachters Themis zeigte im Vordergrund ebenfalls die Reste eines weiteren, hölzernen Wracks. Hierbei handelte es sich um die Bruchstücke eines Kutters, der an gleicher Stelle in den letzten Tagen des Zweiten Weltkriegs gestrandet war.

Motorsegler	**Themis**
Herkunftsland:	Deutschland (West)
Heimathafen:	Bremen
Rufzeichen:	SLQJ
Werft:	Schiffbau Unterweser Bremerhaven (Bau-Nr.370)
Eigner:	Reederei DG Neptun
Gebaut:	1955 bei Schiffbau Weser Bremerhaven
Verbleib:	Am 18.2.1964 nördlich Rehbergort/Dranske gestrandet, abgebracht; 1968 an A. Wallevik Haugesund/Norwegen verkauft, Umbenennung in Alnar; 1987 nach Schweden verkauft; 2001 Flüchtlingsschiff vor Westafrika; 2009 in Fahrt als Lucretia Angue 1V, Heimatland Kamerun
Rauminhalt:	554 BRT/299 NRT
Länge, Breite:	52,94/8,54 m

Von Haffkähnen, Kuffen, Schonern und dem riskanten Ziegelsteintransport

Die umfangreichen Tonvorkommen an der pommerschen Küste und der große Bedarf an Baumaterialien führten schon im Spätmittelalter zur Gründung zahlreicher Ziegeleien und Kalkbrennereien im Umfeld der Hansestädte. Meist befanden sich diese Betriebe unmittelbar am Wasser, da Schiffe Brennmaterial an- und auch die fertig gebrannten Ziegel zu ihrem Bestimmungsort abtransportieren mussten. Für z.B. die Stralsunder Ziegelmeister ist in Urkunden belegt, dass auch sie mehrere Schuten besaßen. Während der Industrialisierung und besonders in den Gründerjahren stieg der Bedarf an Ziegelsteinen im Deutschen Reich schlagartig an. In der Gegend um Ueckermünde, wo zu Beginn des 19. Jahrhundert etwa zehn Ziegeleien existierten, gab es um 1900 bereits 63 Betriebe. In der gesamten Provinz Pommern zählte man nun 396 Ziegeleien mit etwa 7500 Beschäftigten. Die 1854 durch Carl Schlickeysen konstruierte Ziegelpresse und der von Friedrich Eduard Hoffmann und Julius Albert Gottlieb Licht entwickelte Ringbrandofen ermöglichten einen massenhafte Fertigung der Steine. Der Vertrieb erfolgte größtenteils über Schiffe entlang der Küsten oder auf den vorhandenen Binnenwasserstraßen.

Der Fischer Reinhard Lange aus Freest war sehr überrascht, als er 1994 mit seinem Fanggeschirr an einem Hindernis im Greifswalder Bodden hängen blieb. Er zog mit seinem Netz die Reste eines alten Ruders herauf, vermutete, dass es »so eine olle Kogge« sein könnte und berichtete Lutz Riemann vom NDR von seinem Fund. Das Landesamt für Bodendenkmalpflege in Mecklenburg-Vorpommern wurde daraufhin verständigt und die Unterwasserarchäologen Ralf Bleile sowie der Autor nahmen das Wrack in Augenschein.

Bei bewegter See ging es am 18. November 1994 mit dem Kutter von Fischer Lange und einem Filmteam des NDR zur Fundstelle, die sich erstaunlicherweise fast direkt im Fahrwasser nach Stralsund beim Ariadnegrund befand. Auf dem Echolot zeichnete sich eine über anderthalb Meter hohe Erhebung am Grund ab. Der Fischer setzte zur Markierung einen Schweken am Wrack, die beiden Taucher sprangen ins schon recht kalte trübe Boddenwasser und tauchten ab. Doch zu ihrer Überraschung fanden sie am Grund keine Kogge, sondern einen Haufen fein säuberlich gestapelter Ziegelsteine. Erst nach und nach entdeckten sie an dessen Rändern hölzerne Spanten und Planken und auch Konstruktionen zur Aufnahme von Masten. Die am Wrack ausgerollten Maßbänder zeigten, dass dieses Schiff eine Länge von 41,50 und eine Breite von 4,50 Metern hatte – ein erstaunlich langes und schmales Fahrzeug. Es wurden einige Ziegel entnommen und aus dem Achterschiff konnten einige Flaschen und Keramiken geborgen werden, die einen Anhaltspunkt dafür gaben, dass das Schiff zu Beginn des 20. Jahrhunderts gesunken sein musste.

Kaum wieder an Land recherchierten die Archäologen, um was für ein Schiff es sich bei dem Wrack vom Ariadnegrund handeln könnte. Die ungewöhnlichen Maße des Fahrzeugs deuteten darauf hin, dass es sich um einen Haffkahn handelte. Derartige Fahrzeuge wurden auch als Pommernkahn oder Stangenschoner bezeichnet. Diese Transportfahrzeuge zählten zu den Segelkähnen, die über drei Masten verfügten. Sie wurden mit Fock- und Sprietsegeln gefahren. Aufgrund ihrer Fahrteigenschaften waren sie für die Binnenwasserstraßen und auch für die Fahrt entlang der Bodden- und Haffküste sehr gut geeignet.

Der Ueckermünder Hans-Albert an der Heyden, selbst Seemann und einer alten Ueckermünder Kahnschiffer-Familie entstammend, gab weitere wichtige Hinweise: *Die Abmessungen entsprechen dem eines Finowmaß-Kahnes.* [Die Bezeichnung richtet sich nach den Schleusengrößen, durch die die Maße der Kähne vorgegeben wurden.] … *Die Masten wurden im Stettiner »drei Minuten Kanal« mittels Schwimmkran gelegt bzw. gesteckt und dort gelagert.* [Wenn die Haffkähne auf den Binnenstraßen unterwegs waren wurden zwei bzw. drei Masten gezogen und der Kahn geschleppt.] … *In der Vorschiff-Kajüte, 1 Raum, auch Plicht genannt, logierte der Bootsmann. Im Achterschiff, 3 Räume, auch Bude genannt, war die Kombüse, Wohn- und Schlafraum des Schiffers. Alle Räume im Vor- und Achterschiff hatten über Bodenwrangen Fußboden-Abdeckungen. Schiffsinventar und Brennstoffe* [Kohle] *waren in den Freiräumen, Jete genannt, untergebracht. Im Vorschiff, Pick genannt, waren z.T. Anstrichmittel* [Farben und Teer] abgestellt. In den »Nachrichten für Seefahrer« konnte ein wichtiger Hinweis auf den Untergang und so auch zu dem Alter des Wracks gefunden werden. Es hieß dort am 11. November 1911: *Im Greifswalder Bodden ist 0,5 Sm rw. 292° von der Tonne bei dem Ariadne-Grund ein Haffkahn in 8,5 m Tiefe gesunken. Die drei Masten des Kahns ragen 10 bis 12 m über Mittelwasser hervor.* Am 4. Juni 1921 erfolgte eine erneute Meldung zu dem Wrack: *Tiefe ist über dem gesunkenen Kahn 5,9 m Wasser, so daß die Schiffahrt durch das Wrack nicht mehr behindert wird. Die Tonne wird eingezogen.*

Um der Volkswerft den Bau größerer Schiffe zu ermöglichen, wurde die Ostansteuerung nach Stralsund durch das Wasser- und Schifffahrtsamt ausgebaut. Bagger vertieften und verbreiterten dafür das Fahrwasser. Allerdings musste für den Ausbau auch ein Hindernis weichen – der Haffkahn! Doch im Vorfeld wurde den Archäologen die Möglichkeit gegeben das Wrack genau zu dokumentieren, die Unterkunftsräume der Besatzung freizulegen und die dort befindliche Ausrüstung des Schiffes zu bergen. Der SEEFUCHS, das Basisschiff der Unterwasserarchäologen, bezog im Juni 2005 für einen Monat Position über der Wrackstelle. Die Sicht unter Wasser war sehr schlecht. Häufig konnten die Taucher nur tastend die Konturen des Kahns und mögliches Schiffsinventar finden. Das Team konnte einen bei Berufstauchern häufig gebrauchten Spruch nun gut verstehen: »Die Augen des Tauchers sind seine Hände!« Als schwierig erwies sich, dass beim Untergang die hölzernen Schotten zu den Unterkunftsräumen gebrochen und diese mit Ziegelsteinen verschüttet waren. Tausende Steine mussten an die Oberfläche befördert werden, bevor die Taucher auf zahlreiche Funde stießen, die sich darunter bewahrt hatten. Kleidungsreste und zwölf Paar Schuhe deuteten darauf hin, dass die Besatzung das Schiff sehr schnell und ohne Mitnahme ihrer persönlichen Sachen verlassen haben musste. Noch gut erhaltene einfache Möbel, die Ausstattung der Kombüse, bestehend aus dem Herd, Kannen, Tellern, Tassen, Töpfen, diverses Werkzeug und Bestandteile der seemännischen Ausrüstung gaben einen Einblick in die Arbeit und das alltägliche Leben auf einem Haffkahn. Bierflaschen und deren Porzellanverschlüsse aus Swinemünde, Stettin, Stralsund und Magdeburg lieferten Hinweise auf mögliche Stationen des Haffkahns.

Eine an Bord befindliche sehr hochwertige doppelläufige Flinte diente dem Schiffer vermutlich zur Jagd auf Seevögel. Einen ungewöhnlichen Fund stellte ein kleiner Zinnteller dar, auf dem die New Yorker Brooklyn Bridge prangte.

Erst kurz vor dem Abschluss der Untersuchungen gelang den Tauchern ein Fund, der genaue Hinweise auf den Kahnschiffer lieferte. Im Vorschiff konnten zwei und im Achterschiff ein weiteres Schild aus Holz entdeckt werden, in die der Name des Schiffers eingeschnitzt war: *Paul Stegemann, Ahlbeck*. Paul Stegemann transportierte im November eine Ladung, bestehend aus etwa 84 000 Ziegelsteinen, die er von einer der Ueckermünder Brennereien übernommen hatte. Vermutlich brieste der Wind auf der Mitte des Greifswalder Boddens stark auf und Wasser drang in den Laderaum ein. Die frisch gebrannten Ziegel nahmen das Wasser sofort auf, ohne dass die Besatzung eine Chance gehabt hätte, es aus dem Raum zu pumpen. Das ohnehin voll beladene Schiff wurde immer schwerer und sank innerhalb weniger Minuten. Der Besatzung blieb nur der Sprung ins mitgeführte Beiboot, ohne dass sie ihre Habe von dem schnell sinkenden Haffkahn bergen konnte. Mit einer Vielzahl an Informationen und einem umfangreichen Fund-

Das Fundspektrum, das vom Wrack des Haffkahns am Ariadnegrund geborgen werden konnte.

^ *Haffkahn vor Rügen, um 1930.*

inventar, konnten die Archäologen im Juli 2005 ihre Untersuchungen abschließen. Gewaltige Bagger warteten schon an der Fundstelle und beseitigten das Wrack innerhalb eines halben Tages.

Die Haffkähne spielten eine große Rolle für den Warenumschlag in der Küsten- und Binnenregion. Je nach Größe konnten sie zwischen 180 und 300 Tonnen Ladung transportieren. In die meist drei- bis vierköpfige Besatzung war häufig die Familie des Schiffers integriert. Bedingt durch die Ladungsmenge und die geringe Besatzung konnten die Haffkähne sehr günstig Frachtraum anbieten und waren zum Transport von Massengütern wie Ziegeln, Kreide, Kohle, Rüben, Holz und anderen Gütern bestens geeignet, die sie an der Küste und den Binnenwasserstraßen aufnehmen und umschlagen konnten. Jedoch war der Transport der schweren Fracht nicht ungefährlich. Die voll beladenen Fahrzeuge mit wenig Freibord wurden häufig ein Opfer von aufkommenden Stürmen und Unwettern.

Haffkahn Ariadnegrund

Herkunftsland:	Deutschland
Kapitän:	Paul Stegemann, Ahlbeck
Verbleib:	Der Haffkahn sank um den 11.11.1911 am Ariadnegrund im Greifswalder Bodden. Das Wrack wurde 2005 für den Ausbau der Ostansteuerung nach Stralsund beseitigt.
Länge / Breite / Seitenhöhe:	41,50 / 4,50 / 2,20 m
Antrieb:	3 Masten mit Sprietbesegelung
Einsatzradius:	Binnenschifffahrt mit angrenzenden Boddengewässern

Knapp eine Seemeile vom ersten Fundort entfernt konnten die Archäologen einen weiteren Haffkahn lokalisieren, der im August des Jahres 1912 ebenfalls mit einer Ziegelsteinladung gesunken war.

Die Auswertung verschiedener Archivalien erbrachte, das zwischen 1873 und 1945 mindestens 90 Haffkähne in den Haff- und Boddengewässern sowie der Peene havarierten; 48 davon konnten nicht mehr geborgen werden und wurden zum Wrack erklärt. Allein im Greifswalder Bodden verunglückten 32 Haffkähne. Unwetter, wie das vom 24. zum 25. Oktober 1887, führten gleich zum Untergang von sieben dieser Transporter im Bereich des Peenestroms.

Mit seetüchtigen Schiffen beförderte man aber auch die Steine von anderen Ziegeleien über die offene Ost- und Nordsee. Auf der Insel Bornholm wurden sehr hochwertige gelbe Klinkersteine gebrannt. Bei einer Tauchexpedition im Juli 2000 konnten die Unterwasserarchäologen im Libben, dem Seegebiet zwischen der Westküste der Insel Rügen und Hiddensee, ein 20,80 Meter langes und fünf Meter breites Wrack entdecken, bei dem es sich um eine Kufftjalk handelte, die diese Steine transportierte. Das Rügensche Kreis- und Anzeigenblatt gab mit einem Bericht vom 15. September 1902

Aufschluss zu diesem Fund: *Zwischen Dranske-Hof und Wittower Posthaus strandete gestern die mit Chamottesteinen beladene holländische Kuff »Eendracht« des Capitäns R. Boer aus Delfzyl mit Mauersteinen von Hasle nach Husum. Das Schiff soll wrack sein. Theile desselben wurden aufs Land gespült. Nachts ging das Fahrzeug im Libben zu Anker. Bei Nordwestwind stellte sich zunehmend Seegang ein. Das Spill des Schiffes brach, und es trieb gen Strand. Sofort wurde das Dransker Rettungsboot zur Stelle gebracht, doch hatte die Besatzung sich nebst Frau und zwei kleinen Kindern des Capitäns schon im eigenen Schiffsboot gerettet. Der Capitän nebst Familie befindet sich in der Försterei Bug, übrige Schiffbrüchige beim Strandvogt.*

Dasselbe Blatt vermeldet am 23. Oktober 1902 zum weiteren Schicksal des Schiffes: *Von der Klinkersteinladung in dem Wrack der im vorigen Monat an der hiesigen Westküste gestrandeten holländischen Kuff »Endracht« aus Delfzyl wurden seiner Zeit 7000 Steine geborgen und von einem Fahrzeuge nach Stralsund gebracht. Weitere Steine konnten des ungünstigen Windes bezw. der ungünstigen Witterung halber bisher nicht aus dem Wrack gefischt werden. Der Bergelohn einschließlich der Fracht nach Stralsund beträgt 2/3 des Werthes der geborgenen Steine. Die ganze Ladung bestand aus 32000 Stück und zwar in fünf verschiedenen Sorten. Das Wrack kauften die Fischer aus Dranske in öffentlicher Auction für 13 Mark, d.h. ohne Ladung. Es liegt unter Wasser und demzufolge kann man mit dem Abwracken nicht beginnen, solange die Ladung nicht entlöscht ist. Der Strom holt den Sand unter dem Wrack allmählich mehr heraus und somit wellt Letzteres nach und nach tiefer ein.*

Nur anderthalb Seemeilen weiter konnten die Unterwasserarchäologen noch am selben Tag aufgrund von Luftbildaufnahmen noch ein weiteres Wrack entdecken. In vier Metern Tiefe fanden sie ein 20 Meter langes Objekt. Auch auf diesen Schiffsresten lag ein großer Berg von Ziegelsteinen. Der Fund stellte die Forscher jedoch vor ein Rätsel. Die hier liegenden Steine waren mittelalterliche Kloster-

Modell einer Kufftjalk im Schifffahrtsmuseum in Husum.

Forschungstaucherin bei der Untersuchung der Kufftjalk Eendracht*, die im September 1902 vor Dranske strandete.*

Ein Unterwasserarchäologe vermisst den Glühkopfmotot der LORELEY.

formatsteine und auch einige Platten aus öländischem Kalkstein waren zu erkennen. Gegen ein mittelalterliches Schiff sprachen jedoch ein gut zu erkennender Glühkopfmotor und auch die Bauweise des Wracks. Es konnte recherchiert werden, dass hier am 28. November 1942 der Dreimast-Gaffelschoner LORELEY gestrandet war. Der Volkskundler Wolfgang Rudolph und der Selliner Heimatforscher Gerhard Parchow konnten mit weiteren Informationen zu dem Fund weiterhelfen:

Die LORELEY war das letzte große Schiff, das von dem bekannten Rügener Schiffbaumeister Richard Krüger für Kapitän Ludwig Jürgens konstruiert wurde. Gebaut wurde es 1914 unter der Leitung von Moritz Koldevitz, der die Krügersche Werft in Seedorf übernommen hatte. Das Schiff wurde feierlich mit einem großen Fest in Seedorf getauft. Die Rede hielt Oberst a.D. Seelmann und seine Frau sprach folgenden Taufspruch: *Du wackres Schiff! Sei*

Drei-Mast-Gaffelschoner	**LORELEY**
Herkunftsland:	Deutschland
Werft:	M. Koldewitz, Seedorf
Heimathafen:	1916: Stralsund; 1938: Lübeck
Unterscheidungssignal:	QLHR
Eigner:	Kapitän H. Stramwitz, Stralsund
Kapitän:	1916: Kapitän Ludwig Jürgens, Stralsund; 1928: Kapitän H. Stramwitz, Stralsund; 1938: Kapitän H. Stramwitz, Lübeck
Besatzung:	1 Offizier, 2 Mannschaften
Gebaut:	Stapellauf im Februar 1914
Indienststellung:	1914
Umbauten:	um 1928 Einbau eines Explosionsmotors
Verbleib:	Am 28.11.1942 auf der Reise von Rostock nach Peenemünde mit einer Ladung Bauschutt am Bug gestrandet. Der Kapitän, seine Frau und der Schiffsjunge ertranken. Bei der Bergung von Hölzern des Wracks verunglückten die Hiddenseer Fischer Otto Hübner und Hermann Witt tödlich.
Rauminhalt:	84,5 BRT/66,9 NRT
Länge, Breite, Tiefgang:	24,11/6,43/2,34 m
Antrieb:	3 Masten mit Gaffelbesegelung; Explosionsmotor der Hanseatischen Motorengesellschaft m.b.H., Hamburg-Bergedorf, 40 PS
Geschwindigkeit:	unbekannt
Einsatzradius:	Ost- und Nordsee

stark im Sturm, wie Rügens Eichen, aus denen Du gefüget bist! Gesegnet seien deine Fahrten, glücklich Deine Heimkehr zur Heimat allezeit. Ich taufe dich nach Seemannsart, dein Name sei »Loreley«. Der Taufspruch brachte dem Schiff auch Glück und Kapitän Jürgens beschreibt, wie das Schiff einen heftigen Sturm in der Ostsee

▲ *Der Gaffelschoner Loreley, der 1914 auf der Werft von Moritz Koldevitz in Seedorf gebaut wurde.*

meisterte: *Den Hurrikan hatte »Loreley« in der Ostsee. Von Swinemünde aus nach Norden bei schönstem Wetter, Wind SSO. Bei Göhren kam der mit Kraft aus NNW und riss von 5 Segeln alles kaputt, so daß ich mit 2 noch heilen Segeln hinter dem Nordperd südlich Göhren vor 2 Anker gehen und 8 Tage Segel nähen mußte, um die Reise nach Schweden vollenden zu können. Ein Zufall war es, daß ich 2 Rollen Segeltuch gerade an Bord hatte. Habe es allein geschafft, da ich sonst immer Segel genäht hatte, sowie Takel und Knoten spleißen in Tau und Draht gut schaffen konnte.* Die Ausstattung des Schiffes wird als zweckmäßig und gemütlich beschrieben: *Auf »Loreley« gab es schon Sofas, das erste war mit Wachstuch überzogen, das zweite war schon aus Plüsch. … »Loreley« hatte noch Stühle aus Schweden. Seitenkojen befanden sich in beiden Kajüten. »Loreley« hatte noch eine Schlafkammer. Auch hatten beide Kachelöfen. Über dem Oberlicht hing eine Hängelampe. Dann waren über dem Sofa noch zwei Bullaugen. Eine Plüschtischdecke vervollständigte die Einrichtung. Vergessen will ich nicht das Barometer. Am Fußende des Sofas war der kleine eingebaute Kleiderschrank. Oberhalb der Kojen waren an beiden Längsseiten Paneele, dort waren meist Vaters Flaschen und Gläser untergebracht. Die Kajüte war eichengetäfelt, die Decke weiß.*

Das Schiff war 1926 an Kapitän Heinrich Stramwitz in Stralsund verkauft worden; sein Untergang wurde am 16. Dezember 1942 vor dem Seeamt Stettin verhandelt. Die Akte gibt genaue Auskunft zum Unfallverlauf:

Tatbestand: *Der Stralsunder Gaffelschoner »Loreley«, DBRP, 236 Bcbm, 148 Ncbm, 83,1 BRT, Länge 2211 cm, Breite 642 cm, Tiefgang 243 cm, war im Jahre 1914 in Seedorf auf Rügen aus Holz erbaut und hatte einen Hilfsmotor von 35 PS. Das Schiff gehörte Kapitän Heinrich Stramwitz, geboren am 6.12.1891, wohnhaft zu Stralsund, Große Parowerstr. Nr. 5. Sein Befähigungszeugnis konnte in der Seeamtsverhandlung nicht ermittelt werden. Er hat jedoch mindestens das Patent A 3 gehabt. Kapitän Stramwitz führte sein Schiff ständig selbst.*

An Bord befanden sich zur Zeit des Unfalls außer ihm selbst seine Ehefrau Lieschen Stramwitz, geborene Suhr, geb. am 21. Juni 1896 in Pruchten, der Jungmann Siegfried Frobel aus Berlin (15 Jahre alt) und der Schiffsjunge Josef Reddig aus Braunsberg in Ostpreußen (16 Jahre alt).

Da der Kapitän ums Leben gekommen ist, standen dem Seeamt nur der Bericht des Jungmannes Frobel als einzigen Ueberlebenden und die Aussagen einiger Zeugen zur Verfügung, die die Strandung aus geringer Entfernung vom Ufer aus beobachtet haben. Danach ist der Hergang folgender gewesen:

Am 14.11.1942 hatte das Schiff den Rostocker Hafen mit einer vollen Ladung Schutt mit dem Bestimmungsort Peenemünde verlassen. Nachdem Kapitän Stramwitz längere Zeit in Warnemünde auf geeignetes Wetter gewartet hatte, ging er am 27.11.42 um 13.00 Uhr in See, um über Barhöft, Stralsund, durch den Strelasund und den Greifswalder Bodden nach Peenemünde zu fahren. Nach dem Passieren der Gjedser-Sperre frischte der Wind aus westlicher Richtung stark auf. Der Kapitän wollte durch den Gellenstrom nach Barhöft einlaufen und dort an geschützter Stelle, vermutlich auf der Reede von Barhöft, für die Nacht vor Anker gehen. Er musste diese Absicht aber aufgeben, weil der Motor versagte und die Segel grossenteils durch den immer stürmischer werdenden Wind zerrissen waren. Der Kapitän hielt deshalb in Richtung auf den Dornbusch (N-Spitze von Hiddensee) ab, umfuhr die Nordspitze und ging nachts um 2 Uhr (28.11.42) südöstlich der NO-Huk von Hiddensee, der sogenannte Entdorn, vor Anker. Solange der Sturm (während der Nacht) ungefähr aus Westen kam, fand das Schiff dort einigen Schutz. Morgens drehte der Sturm jedoch auf NW und später sogar noch nördlicher und steigerte sich zu orkanartiger Stärke (Windstärke 10–12, auf dem Seefliegerhorst Bug sollen 90–95 Std/km Windgeschwindigkeit gewesen sein.), so daß das vor 2 Ankern liegende Schiff fast ohne Landschutz dem Sturm und dem Seegang preisgegeben war. Gegen Mittag hielten die Anker nicht mehr und das Schiff kam in südöstlicher Richtung, also in Richtung

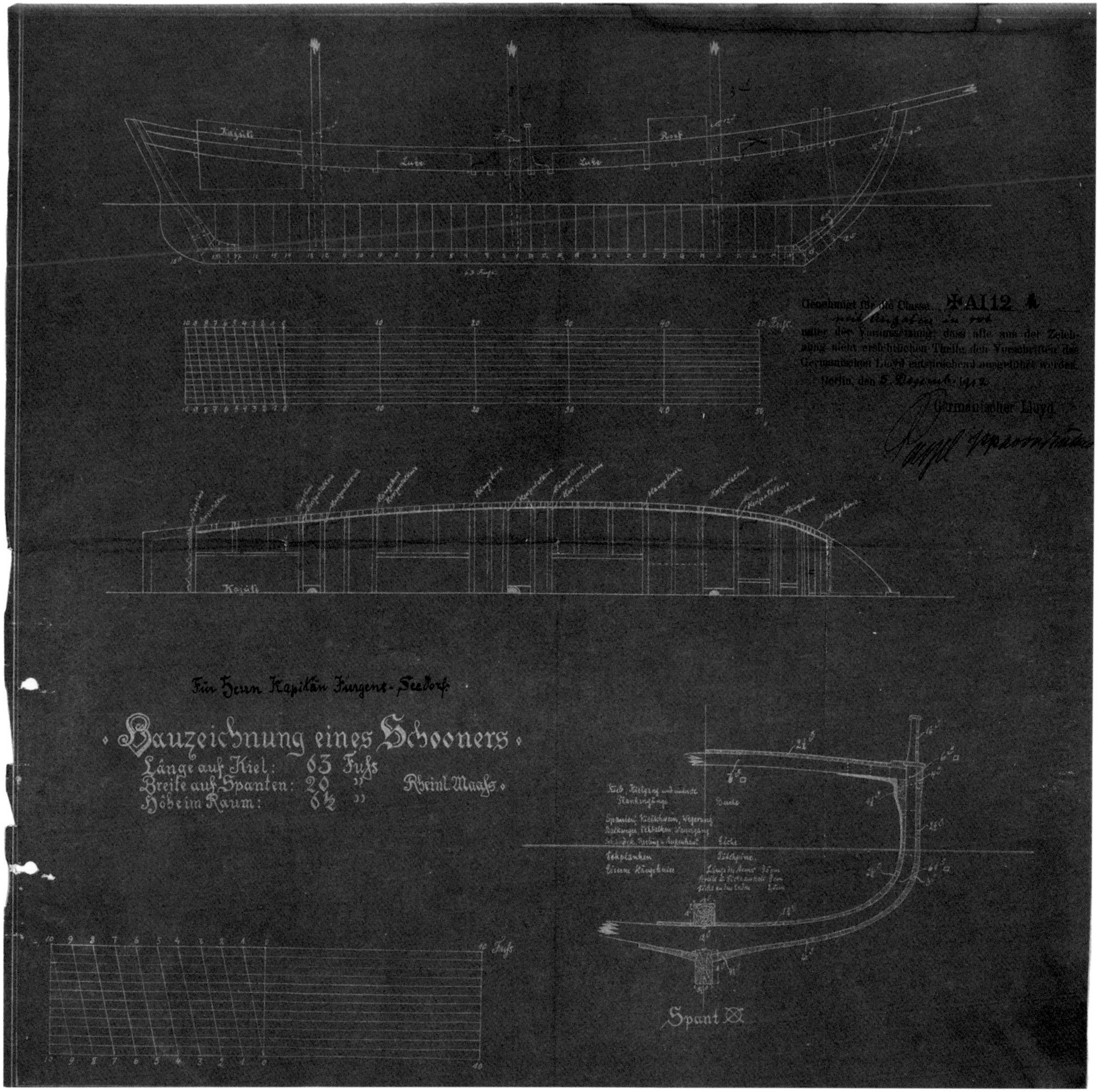

➤ *Bauzeichnung des Gaffelschoners* LORELEY.

Spanten der versunkenen LORELEY.

auf die rügensche Küste, zum Treiben. Die Brecher gingen dauernd, über das ganze Schiff und spülten auch in den Maschinenraum, wo das eindringende Wasser sich mit dem Treibstoff vermengte und den Motor völlig außer Betrieb setzte. Die noch vorhandenen Segel waren bei dem Versuch, sie zu setzen, aus den Lieken geflogen. Nach einiger Zeit ließ der Kapitän einen der beiden Anker mit Kette slippen. Die »Loreley« trieb allmählich über die ganze Breite des Libben (Gewässer zwischen Hiddensee und der Halbinsel Bug) und stieß schließlich gegen 16.45 Uhr etwa 200 m vom Strand auf Grund. Seit 15.30 Uhr etwa hatte das Schiff Notsignal gezeigt. Der Kapitän ließ nun das achtern hängende Beiboot zu Wasser fieren und an die Backbordseite bringen. Die »Loreley« war inzwischen bis auf 150 m an den Strand getrieben und lag in schwerster Brandung. Nachdem die gesamte Besatzung eingestiegen war und vom Schiff abgesetzt hatte, wurde das Beiboot sofort – etwa 5 m vom Schiff entfernt – von einem Brecher vollgeschlagen. Dem Jungmann Fröbel, einem guten Schwimmer, ist es gelungen, den nahe gelegenen Strand zu erreichen, wo er sofort von Soldaten des Seefliegerhorstes in Empfang genommen und betreut wurde. Die Frau des Kapitäns hat er noch im Wasser schwimmen gesehen, von dem Kapitän selbst und dem Schiffsjungen Reddig hat er nichts mehr gesehen. Der Kapitän ist wenig später mit einer Kopfverletzung an den Strand gespült worden. Wiederbelebungsversuche blieben erfolglos. Ein Militärarzt stellte den bereits eingetretenen Tod fest. Die Leiche der Frau ist am nächsten Morgen unweit der Unfallstelle angetrieben worden.

Die Leiche des Schiffsjungen Reddig ist – soweit dem Seeamt bekannt – bisher nicht gefunden worden. Die »Loreley« ist ungefähr eine Viertelstunde, nachdem die Besatzung das Schiff verlassen hatte, durch die Brandung völlig zerschlagen worden. Es sind nur einzelne Trümmer angespült worden. Die Strandungsstelle liegt etwa auf 54°35' N, 13°16'5' O. [Die durch das Seeamt angegebene Position ist falsch und liegt bereits auf dem Land.]

Das in Seenot befindliche Schiff ist schon seit den Vormittagsstunden von Dranske aus und vom Seefliegerhorst Bug mit Ferngläsern unter Beobachtung gehalten worden. Rettungsmaßnahmen sind zunächst nicht eingeleitet worden, weil das Schiff kein Notsignal gesetzt hatte und weil man zunächst annahm, es werde sich vor den Ankern halten können. Als dann bemerkt wurde, daß es immer mehr ins Treiben kam und als das Notsignal bemerkt wurde, hat man fernmündlich die Rettungsstationen der Deutschen Gesellschaft zur Rettung Schiffbrüchiger in Kloster auf Hiddensee und in Barhöft alarmiert. Die Station Kloster hat geantwortet, daß es dem Rettungsfahrzeug bei dem orkanartigen auflandigen Sturm unmöglich sei, auszulaufen. Die (an geschützterer Stelle liegende) Rettungsstation Barhöft hat sich zum Auslaufen bereit erklärt, liegt aber soweit von der Unfallstelle entfernt, das ein Eingreifen von vornherein ausgeschlossen war. Auf dem Seefliegerhorst selbst hat man das Rettungsgerät eines binnen im Wieker Bodden liegenden Flug-

sicherungsbootes (eine kleine Leinenpistole) klar gemacht und zum Strande geschafft. Die Entfernung der »Loreley« vom Strande war aber noch so groß, daß die Leinenpistole nicht in Tätigkeit gesetzt werden konnte. Ein größeres Raketen-Rettungsgerät war nicht verfügbar, ebensowenig ein bei derartigem Sturm und Seegang verwendbares Rettungsfahrzeug.

Der Reichskommissar hat ausgeführt: Der Unfall sei auf das Versagen der Maschine, dem Ausfall der Segel und auf den orkanartigen Sturm, also auf höhere Gewalt, zurückzuführen. Ein Verschulden der Schiffsleitung sei nicht festzustellen. Der Seefliegerhorst habe im Rahmen seiner Möglichkeiten versucht, Hilfe zu leisten. Anträge habe er nicht zu stellen.

Gründe:

Der Motorschoner »Loreley« ist eines der Opfer des orkanartigen Sturmes, der in den Pommerschen Küstengewässern am 28. bzw. 29.11. gewütet und vielerorts schwere Schäden angerichtet hat. Das Schiff war schon schwer mitgenommen, als es in der Nacht vom 27. zum 28.11. hinter dem Dornbusch in der Hoffnung, dort etwas Schutz zu finden, zu Anker ging. Schon auf der Fahrt dorthin hatte der Motor häufig ausgesetzt und war ein Teil der – nach der Bekundung des Zeugen Frobel – übrigens ziemlich alten und schadhaften Segel zerrissen, so daß Kapitän Stramwitz in seiner Entschluß- und Handlungsfreiheit stark beeinträchtigt war. Er hat offenbar gehofft, daß sich das Wetter bessern würde, daß er die Schäden reparieren und dann die Reise werde fortsetzen können. Auch am Vormittag des 28.11. hat er anscheinend noch gehofft, das Schiff werde sich bis zum Eintritt besseren Wetters halten, und aus diesem Grunde wird er zunächst davon abgesehen haben, Notsignal zu setzen.

Als das Schiff dann ins Treiben geriet, ist wahrscheinlich zunächst soviel an Bord zu tun gewesen, daß zunächst keine Zeit blieb, sogleich das Notsignal zu setzen. Vielleicht hat der Kapitän es auch für aussichtslos gehalten, daß ihm während dieses Treibens in den schweren Grundseen des Libbengewässers Hilfe gebracht werden könne, mit dem beinahe auf Nord herum gegangenen Wind und Strom in das schmale Fahrwasser zwischen Hiddensee und Rügen zu gelangen und damit in Schutz zu kommen. So erklärt es sich vielleicht, daß er einen der beiden Anker mit Kette slippte. Auffällig ist es, daß Kapitän Stramwitz es für möglich gehalten hat, durch die mächtige Brandung mit dem offenen Boot den Strand zu erreichen. Vielleicht wären die Aussichten auf eine Rettung größer gewesen, wenn er mit der Besatzung mit angelegten Schwimmwesten auf dem Wrack geblieben wäre, bis dieses oder Wrackteile noch weiter an den Strand gespült wurden. Der Verlust des Schiffes und der Tod des Kapitäns, seiner Frau und des Schiffsjungen sind jedenfalls auf höhere Gewalt zurückzuführen. Irgendwelche Fehler oder Säumnisse des Kapitäns sind nicht festzustellen.

Die Tochter des Kapitäns befand sich ebenfalls ständig mit an Bord des Schoners. Da ihr der Aufenthalt in Warnemünde zu lange dauerte, fuhr sie bereits mit der Bahn nach Stralsund, um hier an Bord zu kommen. Dadurch blieb sie von der Katastrophe verschont.

gez. Luhmann u.a.

Der Untergangsbericht gibt neben einer Beschreibung des Unterganges der Loreley auch eine Erklärung zu der ungewöhnlichen Fracht an mittelalterlichen Klosterformatsteinen. Rostock wurde Ende April 1942 schwer von der britischen Luftwaffe bombardiert. Bei dem »Schotter« handelte es sich vermutlich um die Trümmer getroffener mittelalterlicher Häuser, die nach Peenemünde transportiert werden sollten.

Doch die Loreley sollte auch nach ihrem Untergang noch zwei weitere Menschenleben fordern. Am 3. Dezember 1942 versuchten die beiden Hiddenseer Fischer Otto Friedrich Max Hübner und Hermann Witt Holz von dem Wrack zu bergen. Anscheinend war ihr Boot mit den geborgenen Schiffsteilen überladen, sodass es versank. Beide Männer kamen ums Leben. Im Hiddenseer Kirchenbuch ist überliefert, dass der Fischer Hübner erst am 8. März 1943 in Kloster beerdigt werden konnte.

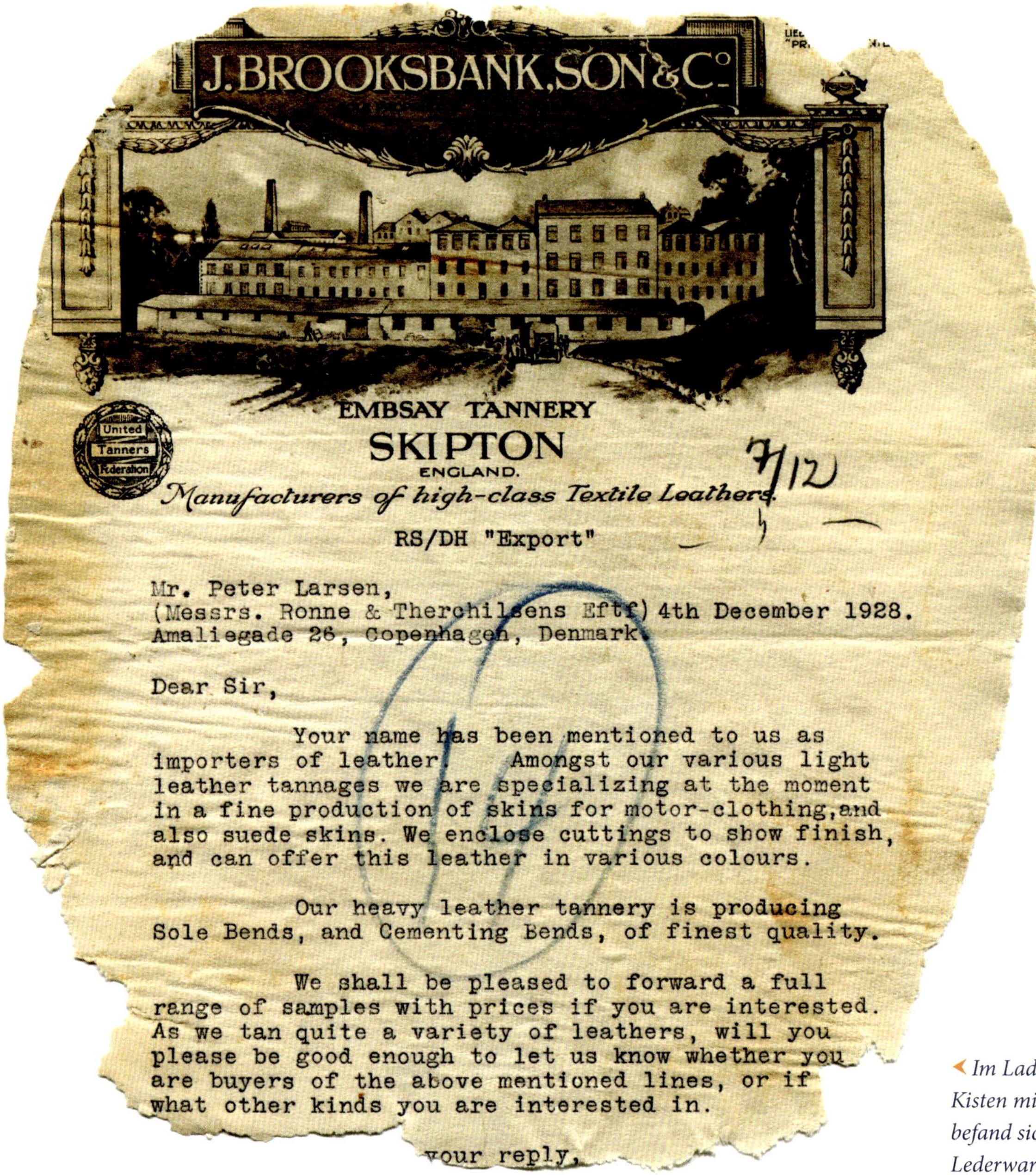

J. BROOKSBANK, SON & Co.

United Tanners Federation

EMBSAY TANNERY
SKIPTON
ENGLAND.

Manufacturers of high-class Textile Leathers.

7/12

RS/DH "Export"

Mr. Peter Larsen,
(Messrs. Ronne & Therchilsens Eftf) 4th December 1928.
Amaliegade 26, Copenhagen, Denmark.

Dear Sir,

Your name has been mentioned to us as importers of leather. Amongst our various light leather tannages we are specializing at the moment in a fine production of skins for motor-clothing, and also suede skins. We enclose cuttings to show finish, and can offer this leather in various colours.

Our heavy leather tannery is producing Sole Bends, and Cementing Bends, of finest quality.

We shall be pleased to forward a full range of samples with prices if you are interested. As we tan quite a variety of leathers, will you please be good enough to let us know whether you are buyers of the above mentioned lines, or if what other kinds you are interested in.

your reply,

Im Laderaum der Amazone *konnten mehrere Kisten mit Altpapier gefunden werden. Darunter befand sich auch das Archiv der Kopenhagener Lederwarenfirma Ronne & Therchilsens Eftf.*

Altpapier wird zum Verhängnis – Die letzte Fahrt der Amazone

Die erfolgreiche Wracksuche ist mit dem Einsatz hoch auflösender Sonargeräte verbunden. Mittels der Hydroakustik wird dabei der Seegrund nach Anomalien abgescannt und kann teilweise in fotografischer Auflösung dargestellt werden.

Am 28. Juni 1994 führten Mitarbeiter der Atlas Elektronik GmbH – führend in der Ortungstechnik im militärischen Bereich – eines ihrer leistungsstarken Sonargeräte vor. Das Objektsuchsonar OSS12 sollte dabei für eine Nutzung im zivilen Bereich vorgestellt werden. Die Fahrt sollte entlang der Küste von Rügen erfolgen und als mögliches Ziel lag ein Suchgebiet nördlich Stubbenkammer, in dem die Attila untergegangen war.

Die Attila – ein Hamburger Dampfer mit einer Ladung Eisendraht – war im Jahre 1922 auf der Ostsee unterwegs. Das Schiff geriet in der Nacht vom 4. zum 5. Januar in einen schweren Nordoststurm. Eine Bö zerschlug die Lukendeckel, sodass Wasser sofort in das Schiff strömte und die Attila aufgrund ihrer schweren Fracht zu sinken begann. Der Untergang erfolgte so schnell, dass die Boote nicht mehr abgelassen werden konnten und die Besatzung ins eiskalte Wasser springen musste. Sechs Seeleute ertranken sofort mit dem sinkenden Schiff. Sechs weitere Besatzungsmitglieder konnten sich in eines der losgerissenen Boote retten und trieben dem Ufer zu. Nur einer hatte noch die Kraft, an Land zu klettern, und hoffte, beim nahegelegenen Leuchtfeuer von Ranzow Hilfe zu erhalten. Er schlug das Fenster ein, kletterte in das Innere, wickelte sich in eine Decke und schlief todmüde ein. Dieser Matrose blieb der einzige Überlebende. Am 6. Januar konnten Lohmer Fischer das Rettungsboot nur noch mit den Leichen der anderen Seeleute am Strand finden. Diese wurden in einem Massengrab bei Nipmerow beigesetzt. Von den insgesamt zwölf Besatzungsmitgliedern hatte nur einer überlebt!

Dampfer:	**Attilla** (ex Andwar, Ada)
Herkunftsland:	Deutschland
Werft:	A.mB. Lödöse Varf. In Gothenburg
Heimathafen:	Hamburg; 1920: Rostock
Eigner:	Deutsches Reich; 1920: Odin, Deutsche Schiffshebungsgesellschaft m.b.H. Berlin
Besatzung:	12 Mann
Gebaut:	1906
Material:	Stahl
Umbauten:	1906: Bagger; 1920: Reichswerft Kiel
Verbleib:	In der Nacht vom 5./6.6.1922 mit Eisendraht in der Tromper Wiek 5 sm NO Stubbenkammer gesunken. 11 Besatzungsmitglieder kamen ums Leben.
Rauminhalt:	245 BRT/112 NRT
Länge, Breite, Tiefgang:	30,80/6,90/3,5 m
Antrieb:	Dampfmaschine 380 PS, gebaut von A. B. Lödöse Varf. In Gothenburg
Einsatzradius:	Ost- und Nordsee

Diese dramatische Geschichte erregte damals in der Presse für viel Aufsehen und nach der Auswertung der Quellen zum Untergang schien es sinnvoll, durch die Entdeckung des Wracks die genauen Umstände des Unterganges zu überprüfen.

Die MS Schall fuhr parallel zur Küste in dem Gebiet, in dem die Untergangsstelle der Attila vermutet wurde. Sehr genau zeich-

Sonarbild des Wracks, das durch das Vermessungsschiff MS Schall *vor Stubbenkammer entdeckt werden konnte. Es handelt sich um den 1939 gesunkenen Gaffelschoner* Amazone *und nicht um die* Attila.

Bugbereich der Amazone.

nete sich in etwa 20 Metern Tiefe der Seegrund auf dem Monitor des Sonars ab. Es waren Felder mit zum Teil hoch aufragenden Steinen und Strukturen zu erkennen, bei denen es sich um unterseeische Kreidefelsen handeln konnte. Unterbrochen wurden diese Formationen durch einförmige Sand- und Schlickflächen. Der Operator am Sonar benötigte ein geübtes Auge, um Anomalien zu erkennen, die von einem stark zerstörten Wrack stammen könnten. Das Objektsuchsonar war ursprünglich zur Suche nach Minen entwickelt worden und versprach daher eine sehr hohe Auflösung.

Der Erfolg stellte sich schneller als erwartet ein und schon nach etwa einer Stunde tauchte mit fast fotografischer Auflösung die schiffsförmige Struktur eines Wracks in einer Tiefe von 18 Metern auf. Klar waren das Vor- und Achterschiff mit Resten von Aufbauten und ein zweigeteilter Laderaum ohne Luken zu erkennen. Durch die Sonartechniker konnte das Wrack bereits von der Oberfläche aus vermessen werden. Es hat eine Länge von etwa 30 Metern. Aufschluss konnte nur ein Tauchgang bringen; die MS Schall ging vor Anker.

Die noch erhaltene Toilette der *Amazone*.

Andreas »Eckbert« Grundmann, ehemaliger Schiffstaucher der Volksmarine, begleitete die Erforschung der Wracks. Ab zehn Metern Wassertiefe ließ es sich bereits schemenhaft erkennen, mit zunehmender Tiefe wurden die Konturen deutlicher. Gut war der spitze Bug mit Winden und Resten der Aufbauten zu erkennen.

Das Schiff war aus Eisen gebaut worden; der Rumpf bestand aus vernieteten Eisenplatten. In einer der Ankerklüsen hing noch ein Patentanker, während vor der anderen Klüse ein Admiralitätsanker lag. Auf dem Vorschiff standen verschiedene noch verschlossene Backskisten und an der Backbordseite war ein Toilettenhäuschen zu erkennen. Wenn auch schon etwas eingefallen, so konnte zwischen Muscheln und Schlick das helle Weiß des Beckens identifiziert werden. In den Aufbauten schimmerten Tassen und Teller im Schlick.

Hinter dem Vorschiff war ein Maststumpf zu erkennen, der anscheinend sauber abgesägt worden war. Im dunklen Laderaum konnten im Schlick Reste von Pappschachteln und ausgefranste Pa-

Taucher untersucht den Bugbereich am Wrack der Amazone. Beim Untergang und dem anschließenden Zerfall des Motorseglers fielen zahlreiche Gegenstände aus dem Schiffskörper.

Der Kompass der AMAZONE.

pierbündel, jedoch keine Spur von Eisendraht entdeckt werden. Bei dem Wrack handelte es sich also nicht um die ATTILA! Im hinteren Teil des Laderaums ließ sich durch die korrodierte Wand eines Schotts die Maschine erkennen. Trotz der Dunkelheit machten die Taucher zwei Zylinder aus, die zu einem Glühkopfmotor gehörten. Das ursprünglich holzverkleidete Achterschiff war stark zerfallen. Allerdings musste das Schiff in großer Eile verlassen worden sein. Auf dem hinteren Teil fanden sich Reste eines Fernglases, das Log zur Geschwindigkeitsmessung und ein Kompass. Auf den nautischen Geräten ließen sich die Herstellernamen erkennen, sodass diese Teile zur Datierung und Identifizierung mit an die Oberfläche genommen wurden.

Auch wenn es sich bei dem Wrack nicht um die ATTILA handelte, so wurden aufgrund des guten Zustandes und des kompletten Inventars zahlreiche weitere Tauchgänge durchgeführt. Die Fundstelle wurde genau vermessen und mit Fotos und Videos dokumentiert. Es konnte belegt werden, dass sich das Quartier des Kapitäns im Achterschiff befunden hatte. Das Waschbecken dort war sogar mit einer Marmorplatte eingefasst. Im Vorschiff vor dem Mast schien die Besatzung untergebracht gewesen zu sein. Mittels eines großen Saugrohres wurde in diesem Bereich der Schlick aus dem Schiff gesaugt. Die vielen Funde, die auf anschauliche Weise das Leben der einfachen Seeleute zeigen, wurden dem Archäologischen Landesmuseum in Schwerin übergeben und warten in dessen Magazinen auf eine angemessene Präsentation.

Allerdings zeigten die langfristigen Untersuchungen auch, welche Probleme an so einem Wrack auftreten können. Die Fundstelle wurde schnell publik; eine nahe Tauchbasis bei Arkona begann, Tauchgänge zu dem Wrack anzubieten. Schon kurz nach seiner Entdeckung wurden Schleppanker an dem Wrack gefunden – eine zerstörerische Methode der Wracksuche. Drei Jahre später muss vermutlich ein großes Tauchschiff zu nahe an dem Wrack geankert haben. Beim Aufholen des Ankers wurde eine der Bordwände so stark beschädigt, dass sich die Nietenverbände lösten. Das instabil gewordene Wrack zerfällt nun zusehends. Ein Tauchgang im Sommer 2001 zeigte, dass der Steuerbordanker fehlte. Schweißelektroden unterhalb der Ankerklüse deuteten darauf hin, dass dieser professionell abgebrannt worden war. Die Art der verwendeten Schweißelektrode lenkte die Spur zu einer Tauchereinheit der Deutschen Marine. Erst nach längeren Verhandlungen wurde der Anker an seine ursprüngliche Stelle gebracht und wieder mit der Ankerkette verschweißt.

Die irreparablen Schäden führten dazu, dass ein sehr interessantes Wrack zunehmend zerstört wurde, das auch in Hinblick auf seine Geschichte ein interessantes und gut erhaltenes Tauchziel hätte werden können.

Motorsegler	**Amazone**
Herkunftsland:	Deutschland
Heimathafen:	1928–1938 Lübeck (Eigner: Paul Lehmann); 1926 Lübeck (Willi Leo Heinrich Mauermann); 1925 Hamburg (John Heins); 1923 Bremen (B.W. Riedemann, Bremen)
Unterscheidungssignal:	QLHR, ab 1932 DRAZ
Besatzung:	2 Offiziere 3 Mannschaften
Gebaut:	Bremen, 1921
Material:	Stahl
Umbauten:	Ursprünglich Leichter; 1921 zum 3-Mast-Gaffelschoner bei der A.-G.Weser in Bremen; 1925 Ausrüstung mit Explosionsmotor der Reform Motorenfabrik Breslau, 80 PS auf der Travewerft; 1933 Einbau eines neuen Explosionsmotors der Firma J. & C.G. Bolinders Stockholm, 120 PS; um 1936 Anzahl der Masten auf zwei reduziert.
Verbleib:	Am 15.12.1939 auf der Reise von Kopenhagen nach Stettin mit einer Ladung Altpapier vor Stubbenkammer gesunken.
Rauminhalt:	154,6 BRT / 138 NRT
Länge, Breite, Tiefgang:	30,32 / 7,56 / 2,35 m
Antrieb:	Explosionsmotor der Firma J. & C. G. Bolinders Stockholm, 120 PS
Einsatzradius:	Ost- und Nordsee

Das Steuerrad der Amazone.

Erste Hinweise zur Identifizierung des Wracks lieferte der bekannte Volkskundler und Sachbuchautor Wolfgang Rudolph. Ebenfalls in der Nähe von Ranzow hatte er in seiner Kartei zu Schiffsuntergängen den Untergang des Motorseglers Amazone vermerkt.

Im Stadtarchiv von Stralsund konnten weitere Informationen zum Untergang gefunden werden. Das Stralsunder Tageblatt/Stralsundische Zeitung berichtete in der Wochenendausgabe vom 16./17. Dezember 1939: *Auf der Fahrt nach Stettin wurde in der Nacht zum Freitag der deutsche Zweimastschoner »Amazone« auf*

Schiff bei Stubbenkammer gesunken

Mannschaft von Torpedoboot gerettet

Saßnitz, 16. Dezember.

Der ungefähr 200 Tonnen große Motorsegler „Amanda" (Kapitän Lehmann, Heimathafen Hamburg) war mit ungefähr 90 Tonnen Papier von Kopenhagen nach Stettin unterwegs. Zwischen Arkona und Stubbenkammer geriet das Schiff in der vergangenen Nacht bei heftigem Sturm in eine schwere Quersee und wurde leck geschlagen.

Um das Schiff zu retten, versuchte der Kapitän, es auf Land zu setzen. Bevor dies gelang, sackte das Fahrzeug unweit Stubbenkammer auf 20 Meter Wassertiefe weg. Die außer dem Kapitän aus fünf Mann bestehende Besatzung rettete sich in ein Boot.

Ein aus Saßnitz in See ausgelaufenes Torpedoboot sah die hilflose Lage der Schiffbrüchigen, nahm sie an Bord und brachte sie an Land in Sicherheit.

Pommersche Zeitung mit der Meldung vom 16. Dezember 1939.

See leck und füllte sich mit Wasser. Der Versuch, das Schiff bei Stubbenkammer auf Grund zu setzen, war nicht mehr möglich, denn plötzlich ging die »Amazone« etwa eine Seemeile vom Lande entfernt unter. Die fünfköpfige Besatzung hielt sich an den Masten fest und konnte später von einem Torpedoboot aufgenommen und in den Saßnitzer Hafen gebracht werden. Von dem Schiff ragen nur noch die Mastspitzen aus dem Wasser.« Am Montag darauf folgt eine weitere Meldung: *Sassnitz. Zum Untergang der »Amazone«. Der Kapitän des am Freitag vor Stubbenkammer untergegangenen Zweimastschoners »Amazone« aus Lübeck begab sich noch am gleichen Tage mit seiner Mannschaft an Bord eines Fischkutters zur Untergangsstelle zurück, um die See nach schwimmenden Sachen vom Deck des Schoners abzusuchen. Andere Kutter schlossen sich der Suchaktion an. Es wurden manche Schiffsutensilien geborgen. Die Schiffbrüchigen fuhren Sonnabend zur amtlichen Verklarung nach Bergen, darauf in ihre Heimatorte.*

Zusammengefasst gaben der archäologische Befund am Wrack und die schriftlichen Quellen zum Untergang folgendes Bild: Die Amazone war auf der Reise von Kopenhagen nach Stettin und sank am 15. Dezember 1939 nördlich Stubbenkammer. Das Schiff hatte eine Ladung Papier an Bord. Anscheinend handelte es sich dabei um Altpapier. In den Kartons war ein Archiv, bestehend aus dem Geschäftsverkehr der dänischen Firma Ronne & Therchilsens Eftf., die ihren Sitz an repräsentativer Stelle in der Amaliegade 26 ganz in der Nähe des königlichen Schlosses Amalienborg in Kopenhagen hatte. Diese Firma kaufte weltweit, vorwiegend in Großbritannien, den Vereinigten Staaten und Argentinien, Leder auf, das zu Schuhen weiterverarbeitet wurde. Ebenfalls decken sich die im Register des Germanischen Lloyds enthaltenen Größenangaben mit denen des Wracks. In den »Nautischen Mitteilungen für Seefahrer« konnte recherchiert werden, dass am 23. Dezember 1939 noch die Masten über Wasser sichtbar waren. Am 26. August 1941 erfolgte die Mitteilung, dass das Wrack größtenteils beseitigt sei und 15 Meter Wasser über den Schiffsresten liegen. Die Beseitigung des Wracks deckte sich nicht mit den Beobachtungen der ersten Tauchgänge. Vermutlich war mit »beseitigt« gemeint, dass die aufragenden Teile, wie die Masten, umgelegt wurden. Das würde sich mit den Erkenntnissen vom Wrack decken, nach denen der vordere Mast abgesägt wurde. Für 1957 erfolgte lediglich der Hinweis, dass sich auf der Position eine »Unrein«-Stelle befand. In den Seekarten unmittelbar vor 1994 fehlte jeder Hinweis auf ein Wrack.

⮝ *Kapitän Paul Lehmann (hintere Reihe, Mitte) aus Lehmwerder wurde auf seinen Reisen oft von seinen Töchtern begleitet.*

Von der Auffindung der AMAZONE wurde mehrfach in der Presse und im Fernsehen berichtet, sodass sich am 11. Januar 1999 Theodor Janeczek meldete, der als Jungmann die letzte Fahrt an Bord der AMAZONE begleitet hatte. Janeczek konnte einen lebhaften Bericht zum Untergang des Schiffes geben: *Die Besatzung der AMAZONE bestand (zum Zeitpunkt des Untergangs) aus fünf Personen: Kapitän und Schiffseigner Paul Lehmann aus Lemwerder, an der Weser 15 Kilometer nordwestlich von Bremen, geboren 11. Oktober 1886, gestorben im Alter von 85 Jahren.*
Steuermann: Name unbekannt, Alter ca. 35 Jahre; Jungmann, Name unbekannt, Alter ca. 17 Jahre; Jungmann, Name unbekannt, Alter ca. 17 Jahre; Jungmann, Theodor Janeczek, geboren 21. November 1922 in Gelsenkirchen im Ruhrgebiet, angemustert auf der AMAZONE am 10. August 1939 in Bremen, um die erforderliche Segel-

Die Amazone war ein typischer Gaffelschoner mit nachgerüsteter leistungsstarker Maschine, der in der Küstenfahrt auf der Ost- und Nordsee eingesetzt wurde.

Stauarbeiten im Laderaum der Amazone.

schifffahrtszeit zum Erwerb des Patentes A 5, Steuermann auf großer Fahrt, abzuleisten.

Die Jungmänner waren an Bord für die allgemeinen seemännischen Decksarbeiten zuständig, die unter der Leitung des Steuermannes, der auch als Bootsmann tätig war, ausgeführt wurden. Wechselnd im Wochenrhythmus bekochten sie auch die Besatzung, wobei ich als guter Koch beliebt war. Ein Jungmann fungierte auch als talentierter Maschinenwart, der beim An- und Ablegen des Schiffes die entsprechenden Maschinenmanöver an dem Glühkopfzylindermotor der schwedischen Firma Bolinder betätigte.

Am Vorabend der Reise, Mittwoch, den 13. Dezember 1939, lag die Amazone an einem Kai im Kopenhagener Hafen. Das Schiff hatte in Bündeln gepacktes Altpapier geladen. Von am Hafenkai gelagerten Kohlenbriketts stibitzten wir drei Jungmänner eine gewisse Anzahl, einerseits zum Heizgebrauch bestimmt, andererseits mit der Absicht, die Briketts in Stettin zu verkaufen, um unsere spärliche Heuer zu Weihnachten etwas aufzubessern. Wir verstauten die Briketts unter anderem auch in einer Sitztruhe im Essraum der Besatzung, der Kombüse, auf dem Vorschiff. – Unter Umständen könnten noch bei der Entdeckung des Wracks erhaltene Briketts vorhanden gewesen sein? – Ich selbst habe noch vor Beginn der Reise in meiner Eigenschaft als Koch eine gute schmeckende Schweinskopfsülze hergestellt. Aufbewahrt wurde diese Sülze in einem größeren Steinguttopf …

Zum Schiffsuntergang:

Am Vormittag des 14. Dezember 1939 verließ die Amazone mit einer Ladung Altpapier den Hafen von Kopenhagen mit Bestimmungshafen Stettin. Das Schiff nahm Kurs auf den Norden der Insel Rügen in Richtung Kap Arkona. Wegen des starken Seegangs wurde ohne Segelsetzung nur mit Maschinenkraft gefahren. Bei der stürmischen See kam das Schiff nur langsam mit etwa 3,5 Seemeilen in der Stunde vorwärts. Es stampfte in der See und schlug dabei oft sehr hart mit dem Unterboden auf die Wasseroberfläche auf. Trotz des

Seegangs nahm das Schiff kein bemerkenswertes Wasser über und die Fahrt verlief an diesem Tage ohne besondere Vorkommnisse. Die Wachen wechselten im Wachrhythmus von 4 – 8 – 12 – 18 – 24 Uhr.

Am Morgen des 15. Dezember 1939, um 4 Uhr endete meine Wache (Kapitän und zwei Jungmänner). Zu diesem Zeitpunkt passierten wir das Leuchtfeuer von Kap Arkona querab und nahmen Kurs auf die Nordostecke der Insel Rügen. Wir beiden Jungmänner begaben uns nach Wachende in den Mannschaftswohnraum in der Vorpiek des Schiffes. Weil der Raum sehr kalt war und der hier befindliche Herd wegen des stürmischen Wetters nicht in Betrieb war, legten wir uns mit unserer Arbeitskleidung in die Kojen, um bis zum neuen Wachanfang um 8 Uhr auszuruhen. Um 7.40 Uhr wurden wir vom Jungmann der amtierenden Wache geweckt. Wie üblicherweise standen wir nicht sofort auf und warteten noch das zweite Wecken um 7.45 Uhr ab. Aber unmittelbar nach dem ersten Wecken wurden wir vom Jungmann aufgefordert, sofort aufzustehen, weil das Schiff sinke. Wir glaubten an einen bösen Scherz und blieben noch in den Kojen. Dann hörten wir einen kräftigen Ruf des Steuermanns: »Sofort aufstehen und an Deck kommen, wir saufen ab!« In diesem Moment bemerkten wir, dass das Schiff Schlagseite hatte und sprangen blitzschnell aus den Kojen, zogen unsere Schuhe an und stürmten an Deck. Über das bereits geneigte Vordeck liefen wir zum Steuerhaus auf dem Achterdeck des Schiffes, wo sich schon der Rest der Besatzung befand. Gemeinsam versuchten wir das Rettungsboot auf dem Achterdeck klarzumachen. – Erst mussten aus dem Schiff darin gelagerte Sachen ausgeräumt werden. – Aber beim Anliften des Bootes schoss es kräftig nach vorn und verkeilte sich in der Reeling, sodass wir das Boot aus dieser Stelle nicht mehr befreien und zum Einsatz bringen konnten. Ein noch an Bord befindliches Sportboot banden wir als letzte Rettungsmöglichkeit an den Mastbaum. Dieses Boot wurde aber von über Deck spülendem Seewasser losgerissen und verschwand in der stürmischen See. Um ein in der Ferne vorbeifahrendes Schiff auf uns aufmerksam zu machen, gaben wir als Notsignale Böllerschüsse ab und verschossen Leuchtraketen. Da der Schiffsmotor zu diesem Zeitpunkt noch intakt war, nahm der Kapitän direkten Kurs auf die Inselküste, um die Amazone auf den Strand zu setzen.

Während dieser Phase lief ich trotz Warnung des Kapitäns noch einmal über die vom Seewasser noch nicht überspülte Seite des Schiffes zum Mannschaftswohnraum, um eine in meinem Spind aufbewahrte Geldbörse mit angesparten 80 Mark zu holen. Der Gefahr, der ich mich dabei aussetzte, war ich mir nicht bewusst. Da aber dieser Geldbetrag eine bedeutende Summe für einen Jungmann darstellte, war die Versuchung, es zu retten, doch zu groß.

Inzwischen hatte das vorbeifahrende Schiff – offensichtlich durch unsere Notsignale aufmerksam geworden – Kurs auf die Amazone genommen, die mit Schlagseite langsam auf die Inselküste zutrieb. Plötzlich bäumte sich die Amazone auf und sank senkrecht in die Tiefe. Nur das Heck, auf dem sich die gesamte Besatzung befand, ragte noch zirka drei Meter aus dem Wasser. Das sich das nähernde Rettungsschiff, jetzt erkennbar als ein schwarzes Torpedoboot der Deutschen Kriegsmarine, war mittlerweile am Unfallort angekommen. Über Lautsprecher rief uns der Kommandant des Kriegsschiffes nach Seemannsart zu: »Darf ich ihnen ein Rettungsboot schicken und sie übernehmen?«

Kapitän Lehmann antwortete höflich: »Ja, bitte sehr, wenn es Ihnen nichts ausmacht.«

Daraufhin setzte das Kriegsschiff ein Rettungsboot zu Wasser, das sich dem aus der See ragenden Heck der Amazone bis auf Sprungnähe näherte. Die Besatzung der Amazone sprang dann einzeln in das Rettungsboot. Dabei reichte ich noch dem Kapitän das Tagebuch der Amazone zu. Das Rettungsboot brachte uns dann trockenen Fußes an Bord des Kriegsschiffes.

Kurz nachdem wir das Kriegsschiff betreten hatten und zur sinkenden Amazone zurückschauten, ruckte diese auf und versank vollständig in den Fluten. Ich beobachtete, wie unser Kapitän Lehmann diesem Schauspiel unter Tränen zusah. Der Anblick des ihm gehörenden sinkenden Schiffes machte ihn offensichtlich sehr betroffen. Da das Schiff wegen angeblich zu hoher Versicherungsprämien nicht versichert war, war sein Untergang auch für ihn ein herber finanzieller Verlust. ›Wir, die Familie des Kapitän Lehmann, waren plötzlich sehr arm geworden‹, schrieb mir später eine der Töchter des Schiffers.

Das deutsche Kriegsschiff brachte uns Schiffbrüchige anschließend zum Sassnitzer Hafen und setzte uns dort an Land. Beim Auslaufen standen wir fünf Personen auf der Hafenpier Spalier und winkten als Dankesgruß mit erhobenen Händen dem ausfahrenden Schiff zu.

Nach der glücklichen Rettung nahm die Besatzung in einem Sassnitzer Hotel eine warme Mahlzeit ein und reinigte sich. Mit Unterstützung der Sassnitzer Fischer versuchte Kapitän Lehmann noch Teile von der Untergangsstelle zu bergen. Danach begaben sich der Kapitän und seine Besatzung zum Amtsgericht nach Bergen, um dort eine Verklarung zu dem Seeunfall aufzugeben. Da alle nur ihre Arbeitskleidung retten konnten, bekamen sie in einer Dienststelle des Winterhilfswerkes gespendete Kleidungsstücke, die in Erinnerung von Theodor Janeczek, der Besatzung *ein abenteuerliches Aussehen* verlieh. Anschließend ging es mit der Bahn gemeinschaftlich nach Hamburg, von wo aus sie dann weiter in ihre jeweiligen Heimatorte gelangten.

Theodor Janeczek hatte kurze Zeit nach dem Untergang der Amazone, am 16. März 1941, auf dem Schnelldampfer Bremen in Bremerhaven einen weiteren Schiffsverlust mit einem Brand überlebt, bei dem ihm erneut sämtliche persönlichen Unterlagen verloren gingen.

Rückwirkend können die Ursachen des Untergangs wie folgt rekonstruiert werden: Auf der Strecke von Kap Arkona zur Küste von Stubbenkammer muss Wasser in den Laderaum gedrungen sein. Da das Schiff zum Maschinenraum und zum Vorschiff über jeweils ein Schott verfügte, blieben diese Bereiche trocken und die Maschine funktionstüchtig. Die Amazone war einige Zeit vorher im schwedischen Schärengebiet auf felsigen Grund aufgelaufen und vermutlich dabei am genieteten Rumpf beschädigt worden, der aber noch dicht blieb. Durch den schweren Seegang hatte sich dort wahrscheinlich ein Leck gebildet, durch das in kurzer Zeit viel Wasser in den Laderaum eindringen konnte. Die Papierladung wurde dem Schiff dabei in zweierlei Hinsicht zum Verhängnis. Zum einen machte das mit Wasser vollgesogene Papier ein Auspumpen des Laderaums unmöglich, zum anderen schwammen nach Auskunft von Theodor Janeczek Papierballen auf und zerstörten die Luken, sodass noch mehr Wasser in das Schiff eindringen konnte und es zum Sinken brachte.

Janeczek Hinweis auf die in Bremen lebende Tochter des Kapitäns brachte weiteren Aufschluss zum Untergang. Die Tochter Inge Nordenholz hatte als junge Frau gemeinsam mit ihrer Schwester in den Ferien an vielen Fahrten auf der Amazone teilgenommen und stellte Fotos und Dokumente zum Lebensweg des Schiffes sowie seiner Besatzung zur Verfügung. Noch sehr gut konnte sie sich erinnern, wie ihr Vater nach dem Untergang der Amazone plötzlich in *Räuberzivil* – in den Sachen des Winterhilfswerks – vor der Tür stand.

Kapitän Lehmann ließ sich aber von dem Verlust seines Schiffes nicht entmutigen und trat, obwohl schon 54 Jahre alt, 1940 in die Deutsche Kriegsmarine ein. Als geradliniger und erfahrenerer Seemann wurde er von seinen Vorgesetzten und Mannschaften geschätzt. Nach dem Kommando auf verschiedenen Schiffen beförderte man ihn zum Chef der 42. Minensuch- und Vorpostenflottille an der französischen Atlantikküste. Nach dem Kriegsende bemühte er sich um ein neues Schiff und erwarb 1950 im Alter von 64 Jahren das Küstenmotorschiff California, mit dem er bis zu seinen 77. Lebensjahr Fahrten unternahm. Kapitän Lehmann starb schließlich 85-jährig als anerkannter und geschätzter Kapitän und Bremer Bürger.

Der Patentanker am Bug der AMAZONE.

Das Küstenmotorschiff TANGO geriet am 18. Dezember 2009 vor der Kreideküste Rügens in Seenot. Das Mehrzweckschiff ARKONA konnte den Havaristen mit Maschinenschaden und gerissener Ankerkette im letzten Moment vor der Strandung bewahren.

Schiffshavarien in der modernen Seefahrt – Von der Jan Heweliusz bis zur Sophie Scholl

Durch den modernen Schiffbau, die Weiterentwicklung von Navigationssystemen an Bord, eine verbesserte Ausbildung der Seeleute sowie durch die Überwachung und Leitung des Seeverkehrs über moderne landgestützte Verkehrszentralen konnte die Schifffahrt in den vergangenen Jahrzehnten immer sicherer gestaltet werden. Zur Verhinderung von Havarien auf See stehen Mehrzweckschiffe der Wasser- und Schifffahrtsverwaltung, Schlepper, die Seenotkreuzer der Deutschen Gesellschaft zur Rettung Schiffbrüchiger sowie Rettungshubschrauber zur Verfügung. Dennoch kam es auch nach dem Zweiten Weltkrieg immer wieder zu teils aufsehenerregenden Schiffsuntergängen vor der Insel Rügen.

Strandung vor Dwasieden

Als große Schwierigkeit erwies es sich für die Seeleute und Fischer der Insel Rügen, dass bis in die zweite Hälfte des 19. Jahrhunderts kein sicherer und gut zu erreichender Hafen an der Außenküste verfügbar war. Mit der Entwicklung der Fischerei und Kreideindustrie sowie durch den mit der touristischen Nutzung erforderlichen Personentransport wurde ein Hafen immer dringender benötigt. Ein günstiger Ort für ein derartiges Projekt war das Fischerdorf Sassnitz. Bis 1889 wurde der Hafen ausgebaut und bereits 1891 erfolgte der Anschluss des Rügener Städtchens an das Eisenbahnnetz. Die 1886 begonnene Mole wurde in verschiedenen Bauphasen verlängert und gehört heute mit 1444 Metern zu den längsten Außen-

Das Mehrzweckschiff Arkona des Wasser- und Schifffahrtsamtes Stralsund konnte schon mehrfach bei Schiffshavarien helfend eingreifen.

Die Kutter Vereinigung (SAS 76) und Erfolg (SAS 63) strandeten am 20. Januar 1952 am »Kamelsrücken« bei Sassnitz-Dwasieden.

Fischkutter	**Vereinigung SAS 76** (ab 11.8.1969: SAS76)
Herkunftsland:	Deutschland (Ost)
Werft:	Schiffs- und Bootswerft Max Rohde, Rostock-Gehlsdorf, ursprünglich als Reparationskutter für die Sowjetunion vorgesehen.
Heimathafen:	Sassnitz/Rügen
Unterscheidungssignal:	Y4LC
Eigner:	Fischereiproduktionsgenossenschaft Sassnitz; Michael Henning (2015)
Kapitän:	Michael Henning (2015)
Besatzung:	3 Mann
Gebaut:	1948
Umbauten:	1963: Einbau neue Maschine SKL Typ 4 NVD24
Stapellauf/ Indienststellung:	1948
Verbleib:	Am 1.12.2014 Streichung aus dem Fischereiregister; 2015: Verkauf, möglicherweise Einsatz für Hafenrundfahrten in Rostock
Rauminhalt:	32,81 BRT/8,27 NRT
Länge, Breite, Tiefgang:	17,60/5,14/1,70 m
Antrieb:	1948–63: Dieselmotor SKL 4NVD24, 80 PS; ab 1963: Dieselmotor SKL 4NVD24, 100 PS
Einsatzradius:	Fischerei Ostsee

molen Europas. Jedoch können östliche Windlagen und Grundseen das Einlaufen in den Hafen erschweren und gelegentlich auftretende Sturmhochwasser Schäden an den im Hafen liegenden Fahrzeugen verursachen.

Ein derartiges Sturmhochwasser ereignete sich am 20. Januar 1952. Die Kutter der Sassnitzer Fischereiflotte lagen in »Dreierpäckchen« nebeneinander. Die ganz außen liegenden waren mit ihren Leinen am Nachbarkutter befestigt und nicht zu den Pollern der Brücke belegt. Obwohl im Wetterbericht abflauender Wind von der Stärke fünf auf drei angesagt worden war, nahm der Wind ab 18 Uhr plötzlich auf Sturmstärke zu. Der Sturm und das hohe Wasser führten zu Beschädigungen an verschiedenen Schiffen. Die Hafenwache war entsprechend der Wettervorhersage normal besetzt, sodass nur ein Dutzend Männer zur Verfügung stand, um die Festmacherleinen zu überprüfen. Einige Verbindungen brachen und mehrere Schiffe trieben besatzungslos im Hafen. Die beiden Kutter Vereinigung (SAS 76) und Erfolg (SAS 163) trieben in der stürmischen See am sogenannten »Kamelsrücken« bei Sassnitz-Dwasieden an den Strand. Um zu verhindern, dass beide Kutter in der Brandung zerschlagen würden, wurde umgehend mit der Bergung begonnen und der Wirtschaftsbetrieb Schiffsbergung und Taucherei

Fischkutter	**Erfolg SAS 163** (WOG104, WIE39, UEK69)
Herkunftsland:	Deutsche Demokratische Republik
Werft:	VEB Boddenwerft Damgarten, Baunummer 69
Heimathafen:	Sassnitz; Ueckermünde
Unterscheidungssignal:	DH2163
Eigner:	Fischereiproduktionsgenossenschaft Sassnitz
Besatzung:	3 Mann
Gebaut:	1950
Umbauten:	Wechsel Maschine, Datum unbekannt
Stapellauf:	25.3.1950
Indienststellung:	25.4.1950
Rauminhalt:	36,70 BRT/10,53 NRT
Länge, Breite, Tiefgang:	17,80/5,60/2,68 m
Antrieb:	KR 18 V Bohn & Kähler, Kiel 1950, 150 PS; SKL 6NVD24, 150 PS (spätere Umrüstung)
Geschwindigkeit:	9 Knoten
Einsatzradius:	Fischerei Ostsee

Der Kutter Erfolg (SAS163) am Strand von Dwasieden.

beauftragt. Die Landes-Zeitung Bergen berichtete am 6. März 1952: *Beide Havaristen lagen hoch und trocken auf dem Strand, an einer flachen, durch Steine blockierten Küstenstelle. Für diese Bergung wurde daher die Hebeschute »Hue 2« aus Stralsund herangeholt, die dort bei den Arbeiten am Wrack des »Triton« und an der Rügendamm-Brückenkonstruktion eingesetzt war. Da die »Hue 2« nur einen Tiefgang von 40 cm besitzt, konnte sie durch den Schlepper bis auf 3 m an den Strand herangeschoben werden. Allerdings mußte ihr Unterteil vorher durch Bohlen gegen das Aufschlagen auf Steine geschützt werden. Etwa 50 m seewärts wurde ein großer Hebezylinder geflutet, an dem sich die Hebeschute verankerte. Mit ihrem weit ausladenden Kran konnte nun der erste Kutter angefaßt und gehoben werden. In ähnlicher Weise gelang auch die Bergung des zweiten Kutters.*

Der Artikel schließt mit: *Die gesamte Bergung wurde erstmalig in Leistungslohn durchgeführt. Die Kollegen der Schiffsbergung arbeiteten mit Überlegung und großer Einsatzfreudigkeit. Sie können stolz sein, dass ihre Arbeit so schnell gelungen ist, ehe widrige Naturgewalten wertvollstes Volksgut zerstören konnten.*

Am 30. März 1958 geriet ein größeres Fahrzeug an fast identischer Stelle bei Dwasieden auf den Strand. Es handelte sich um das Minenleg- und Räumschiff MLR 6-33 der Volksmarine. Aus Stralsund kommend, berichtet der Zeitzeuge Dieter Flohr, hatte es bei stärker werdendem Sturm Sassnitz angesteuert. Er sah das Schiff schließlich mit *starker Krängung an der Steilküste zwischen Mukran und Sassnitz gestrandet liegen.* Es hatte über ein leckgeschlagenes Einstiegsluk Wasser genommen, in dessen Folge die Ruderanlage ausgefallen war. Der Leitende Ingenieur verlor bei der Havarie sein Leben.

Gesunken im Orkan »Verena« – Das Ende der Jan Heveliusz

RoRo-Eisenbahnfähre	**Jan Heveliusz** (Ökelname: Havareliusz)
Herkunftsland:	Polen
Werft:	Trosvik Versted A/S, Norwegen
Heimathafen:	Gdynia
Eigner:	Polskie Linie Oceaniczme
Kapitän:	Andrzej Ulasiewicz
Besatzung:	29 Mann
Gebaut:	1976/1977
Stapellauf:	1977
Indienststellung:	Juli 1977
Verbleib:	Am 14.1.1993 im Orkan östlich Rügen gesunken.
Rauminhalt:	3015 BRT
Länge, Breite:	125,60/17,60 m
Antrieb:	CODAD 4 Sulzer 10AL25/30 Diesel mit 7400 PS
Geschwindigkeit:	16,75 Knoten
Einsatzradius:	Fährlinie Swinoujscie–Ystad

Am 14. Januar 1993 zog der Orkan »Verena« mit Windgeschwindigkeiten von über 160 Kilometern pro Stunde über Norddeutschland hinweg. Zahlreiche Bäume wurden entwurzelt, Dächer abgedeckt, Ampeln stürzten um und in Oldenburg wurde ein großer Kran durch den Sturm ins Hafenbecken geworfen.

In diesem Sturm ereignete sich auch ein Fährunglück östlich der Insel Rügen. Die Ostseezeitung vom 15. Januar 1993 berichtete: *Bei orkangepeitschter See mit bis zu fünf Meter hohen Wellen kenterte gestern gegen 5.30 Uhr das polnische Fährschiff »Jan Heweliusz« mit über 60 Menschen an Bord etwa 15 Seemeilen vor Rügen. Bis zum Nachmittag konnten neun Überlebende aus dem eiskalten Wasser geborgen werden. Nach Angaben der Reederei »Euroafryka« in Warschau, welche die Fähre betreibt, waren 29 Besatzmitglieder an Bord. Unklar war die genaue Zahl der Passagiere, zumeist Lkw-Fahrer, unter ihnen auch zwei Deutsche. … Wegen orkanartiger Böen hatten sich vermutlich gegen 3.30 Uhr Eisenbahnwaggons im Inneren des Roll-on-roll-off-Schiffes (3 000 BRT) aus der Halterung gelöst. … Die Fähre, die sich auf dem Weg vom polnischen Swinemünde (Swinoujscie) nach Südschweden befand, bekam zunächst Schlagseite, kenterte und trieb dann kieloben in der brodelnden See.*

Unter dramatischen Umständen versuchten die Rettungskräfte, Passagiere und Besatzung von Bord zu retten. Es gelang, neun Mann der Besatzung abzubergen. Doch dann mussten deutsche und dänische Rettungshubschrauber und der Sassnitzer Rettungskreuzer Arkona abdrehen, um wenigstens die geretteten Personen in Sicherheit zu bringen. Aufgrund der Passagierlisten wurde vermutet, dass 55 Menschen beim Untergang ihr Leben verloren. Darunter 20 Besatzungsmitglieder und 35 Passagiere aus acht Ländern.

Die Fahrenszeit, der in Norwegen gebauten Fähre, die den Namen des Danziger Astronomen Johannes Hevelius (polnisch: Jan Heweliusz, 1611–1687) trug, war von einer Serie von Pannen und Havarien gekennzeichnet. Schon bei der Jungfernfahrt im Juli 1977 trat ein Lagerschaden der Maschine auf, ebenfalls in diesem Jahr kollidierte die Fähre mit der Kaimauer im schwedischen Ystad. Durch falsches Stauen der Ladung kam es 1978 fast zum Kentern des Schiffes. Ebenfalls durch falsches Beladen von mit Beton gefüllten Güterwagons kenterte das Schiff 1982 im Hafen von Ystad; ein komplettes Umschlagen der Fähre verhinderte lediglich die Kaimauer des schwedischen Hafens. Auch in den darauffolgenden Jahren kam es immer wieder zu Vorfällen mit nicht ordnungsgemäß verzurrter Ladung. Brände und andere Havarien brachten dem Schiff den Ökelnamen Havareliusz ein.

Auf ihrer letzten Fahrt war die Fähre mit 28 Lastwagen und zehn Eisenbahnwaggons beladen, die anscheinend bei der schweren See nicht oder nur ungenügend gesichert waren. Untersuchungen nach dem Untergang zeigten zudem, dass Probleme mit dem Ballastsystem bestanden und auch die Ladeklappe nach einer Kollision im Hafen von Ystad nur ungenügend repariert worden war. Trotz der Schäden und des Orkans mit Windgeschwindigkeiten von bis zu 160 Kilometern pro Stunde verließ die Fähre am 14. Januar 1993 den Hafen von Swinemüde. Um 3.28 Uhr wurden durch die Besatzung Schwierigkeiten mit der Ladung gemeldet. Bereits eine Stunde später hatte das Schiff eine Schlagseite von 30 Grad. Über Funk wurde jedoch erst um 4.35 Uhr ein erster Hilferuf und ab 4.45 Uhr das Notsignal »Mayday« abgesetzt. Das Schiff hat zu dieser Zeit bereits 70 Grad Schlagseite. Kurz nach dem zweiten Notruf um 5.27 Uhr kenterte es und trieb kieloben auf der Ostsee, bevor es nach über fünf Stunden endgültig zwanzig Seemeilen östlich von Rügen in der Ostsee versank.

Der Fall wurde vor dem Seegericht in Stettin verhandelt und die Hauptschuld an dem Untergang dem Kapitän Andrzej Ulasiewicz zugeschrieben. Laut Urteilsspruch war die Ladung nicht korrekt vertäut, das Schiff hätte bei dem Wetter dichter unter Land fahren müssen und auch die Reduzierung der Geschwindigkeit bei wachsender Schlagseite waren Fehlentscheidungen. Jedoch wurde dieser Urteilsspruch sowohl durch die Rechtsvertreter der Angehörigen der Opfer sowie auch durch offizielle Stellen infrage gestellt; das Auslaufen bei den Wetterverhältnissen mit der defekten Heckklappe als grobe Fehlentscheidung der Reederei Euroafryka gesehen.

Mit dem Untergang tauchte auch das Gerücht auf, dass sich auf dem Schiff und möglicherweise in Containern illegale Auswanderer befunden haben sollen. Genährt wurden diese Vermutungen auch durch Beobachtungen deutscher Sporttaucher, die bereits kurz nach dem Untergang feststellten, dass durch polnische Bergungsunternehmen Löcher in die Außenhaut des Schiffes gebrannt worden waren, um Teile der Ladung aus dem Wrack zu holen.

Gut anderthalb Jahre nach dem Untergang, am 28. Juli 1994, konnten die Unterwasserarchäologen das Wrack mittels modernster Sonartechnik untersuchen. Die MS Schall scannte den Seegrund im Bereich der Untergangsstelle ab. Schnell wurde die Jan Heveliusz in 27 Metern Tiefe gefunden. Die auf der Backbordseite liegende Fähre zeigte nur geringe Beschädigungen. Der Schiffskörper, die Aufbauten und die abgerissene, 100 Meter neben dem Wrack liegende, Heckklappe waren mit fast fotografischer Genauigkeit auf den Monitoren des Sonars zu erkennen.

Die Jan Heweliusz im Hafen von Ystad, Schweden.

Im September 1995 verständigten sich deutsche und polnische Regierungsstellen darauf, die Jan Heveliusz nicht zu heben. Die Kosten dafür hätten etwa 50 Millionen Mark betragen. Eine behördlich geplante Sperrung des Wracks zur Wahrung der Totenruhe wurde nicht umgesetzt. Die gesunkene Fähre entwickelte sich daraufhin zu einem beliebten Tauchziel. Allerdings waren zwanzig Jahre nach deren Untergang auch starke Zerfallsprozesse zu beobachten. Das Labyrinth aus verschiedenen Räumen und verstürzten Wrackteilen erwies sich schon für einige Taucher als tödliche Falle.

Von der FRIEDRICH ENGELS bis zur SOPHIE SCHOLL – Untergänge von Fischkuttern

Im ausgehenden 19. Jahrhundert gewann der Sassnitzer Hafen durch seinen Ausbau und durch den Eisenbahnanschluss für die Küstenfischerei eine immer größere Bedeutung. Zu DDR-Zeiten war in Sassnitz schließlich eine Flotte von teilweise über 180 Fischereifahrzeugen stationiert. Ein Großteil bestand aus den hölzernen 17-Meter- und aus den sehr seegängigen 26,5-Metern-Kuttern, die aus Stahl in den Werften von Boizenburg und Stralsund gebaut wurden. Die hölzernen Kutter als »Arbeitspferde« der Fischerei waren gerade im Seegebiet um Rügen häufig im Einsatz. Wie andere Schiffe auch hatten sie mit schweren Stürmen und Eisgang zu kämpfen, waren aber ebenfalls in Kollisionen verwickelt. Umfassende strukturelle Veränderungen bewirkten ab 1990 einen gravierenden Niedergang in der Küstenfischerei. Zahlreiche Fischereifahrzeuge wurden über Stilllegungsprämien abgewrackt oder für andere Nutzungen veräußert. Das Spektrum reicht dabei von Traditionsschiffen, über Sportboote bis hin zu schwimmenden Ferienwohnungen und Verkaufskuttern. Letztere versuchen mit einem maritimen Flair, Fischbrötchen und Räucherfisch an die Touristen der Region zu verkaufen.

Bei ihren Sondierungen stießen auch die Unterwasserarchäologen auf die Reste von gesunkenen Fischereifahrzeugen. Östlich des Fährhafens von Mukran fanden sie in 16 Metern Tiefe ein 14 Meter langes und vier Meter breites hölzernes Wrack. Das Deck und die Aufbauten waren weitestgehend zerfallen. Gut erhalten war der im Schlick eingesunkene hölzerne Rumpf, der in Klinkerbauweise gefertigt worden war. An der Steuerbordseite ließen sich noch zwei eiserne Galgen zum Aufholen der Netze ausmachen, die ein eindeutiger Beleg dafür waren, dass es sich bei dem Wrack um ein Fischereifahrzeug handeln musste. Im vorderen Teil befand sich noch eine Masthalterung. Eine Maschinenanlage konnte jedoch nicht gefunden werden; möglicherweise handelte es sich um ein Fischkutter aus dem ausgehenden 19. oder beginnenden 20. Jahrhundert, der einen Segelantrieb und noch keine Motorisierung besaß, wie sie bei Kuttern dieser Bauart in den 1930er-Jahren aufkam. Laut Wolfgang Frank, einem Kenner der Wracks der Prorer Wiek, könnte es sich um einen der frühen Sassnitzer Kutter mit der Kennung SAS 18 handeln, was weitere Untersuchungen bestätigten.

17-Meter-Kutter	**FRIEDRICH ENGELS UEK50** (SAS129, WOG59)
Herkunftsland:	Deutsche Demokratische Republik
Werft:	Schiffs- und Bootswerft Emil Riechert, Altwarp
Heimathafen:	Ueckermünde
Unterscheidungssignal:	DH2129
Eigner:	FPG »Boleslav Bierut« Ueckermünde
Besatzung:	3–4 Mann
Gebaut:	1949
Stapellauf:	Februar 1950
Indienststellung:	1950
Verbleib:	Am 29. November 1973 in der Prorer Wiek gesunken.
Rauminhalt:	29,77 BRT/9,10 NRT
Länge, Breite, Tiefgang:	17,60/5,24/2,38 m
Antrieb:	Dieselmotor SKL 4NVD24, 80 PS
Geschwindigkeit:	8 Knoten
Einsatzradius:	Fischerei Ostsee

Nur wenige Seemeilen entfernt, ebenfalls in der Prorer Wiek, untersuchten die Taucher ein gut erhaltenes, sehr stark mit Netzen behangenes Wrack, das durch das Bundesamt für Seeschifffahrt und Hydrographie entdeckt worden war. Bei dem in 17 Metern Wassertiefe liegenden Wrack handelte es sich der Form des Schiffskörpers und der Aufbauten nach sowie nach seinen Dimensionen um einen

17-Meter-Kutter. Das Ruderhaus mit einer kleinen Toilette löste sich bereits langsam vom Schiffskörper, sodass durch einen Spalt der Maschinenraum zu erkennen war. Ruder und Schiffspropeller waren größtenteils von Sedimenten bedeckt; der mit Schlick verfüllte Laderaum machte durch ein mittlerweile zerfallenes Schott einen Blick ins Vorschiff möglich. Ursprünglich hatte sich hier das vordere Logis des Kutters befunden, wovon ein gut erhaltener Kohleherd und diverse Töpfe zeugten. Bei dem Wrack handelte es sich nach der Recherche des BSH um den 17-Meter-Kutter UEK 50 FRIEDRICH ENGELS, der als SAS 129 ursprünglich zur Sassnitzer Fischereiflotte gehört hatte und an die Ueckermünder Fischereigenossenschaft verkauft worden war.

Das Schiff befand sich am 29. November 1973 auf einer Fangreise und der Laderaum war bis oben gefüllt. Es geriet in einen schnell aufziehenden Sturm. Schwere Sturzseen drangen in den Kutter ein, sodass er über das Heck sank. Der Kutterführer und die drei Mann Besatzung konnten durch die baugleiche BERGEN sowie ein Schiff der Volksmarine gerettet werden.

Trotz Radartechnik, die auch in der Nacht eine Orientierung auf See und das Erkennen von anderen Fahrzeugen ermöglicht, kommt es dennoch immer wieder zu Kollisionen. Ein Beispiel lieferte der Untergang des Sassnitzer Fischkutters SAS 33 STURMVOGEL.

Das Eisenbahnfährschiff ROSTOCK brach am 2. November 1984 bei glatter See, aber diesigem Wetter vom Fährhafen Trelleborg nach Sassnitz auf. Die Fahrt verlief für das moderne, 1977 in Norwegen gebaute Schiff und für seine routinierte Besatzung problemlos. Vor der Küste Rügens herrschte starker Nebel. Kurz vorm Einlaufen wurde das Ruder um 5.58 Uhr von der Selbststeueranlage auf Handbetrieb umgeschaltet. Das Schiff hatte dabei noch eine Geschwindigkeit von 16 bis 18 Knoten. Kurz nach diesem Manöver passierte das Fährschiff den Kutter NORDSTERN in einer Entfernung von nur 30 bis 50 Metern. Auf der Fähre beobachteten der Kapi-

Eine Briefmarke der DDR, 1979.

Die MF KOPERNIK (ex ROSTOCK) im Fährterminal Swinoujscie, Polen.

Kutter	**Sturmvogel SAS 33** (ex KAR 16)
Herkunftsland:	Deutschland
Werft:	Schiffswerft Horn, Wolgast
Heimathafen:	Sassnitz
Eigner:	Reederei Werner Last, Sassnitz-Lancken
Kapitän:	Werner Last
Besatzung:	3–4 Mann
Gebaut:	1958
Stapellauf:	März 1958
Indienststellung:	1958
Verbleib:	Am 2.11.1984 nach Kollision mit Fährschiff Rostock gesunken. Der Schiffsführer Werner Last und der Maschinist Karlheinz Wollschläger finden den Tod. Zwei Besatzungsmitglieder werden gerettet.
Rauminhalt:	30 BRT
Länge, Breite, Tiefgang:	15,45/5,08/2,04 m
Antrieb:	Dieselmotor 3M32 DWK, Deutsche Werke Kiel, 75 PS, später Einbau SKL 4NVD24, 80 PS.
Geschwindigkeit:	8 Knoten
Einsatzradius:	Küstenfischerei

Auto- und Eisenbahnfährschiff **Rostock**	
Herkunftsland:	Deutsche Demokratische Republik
Werft:	Bergens Mekaniske Vaerkstaeder A/S Bergen, Baunummer 779
Heimathafen:	Sassnitz
Eigner:	Deutsche Reichsbahn
Besatzung:	39 Mann
Gebaut:	1976/1977
Stapellauf:	7. Januar 1977
Indienststellung:	25. Juli 1977
Verbleib:	1993: Deutsche Fährgesellschaft Ostsee; 1999: Scandlines; 1999: Seawind Line, Schweden (Umbenennung in Star Wind); 2005: Euro Shipping, Estland (Umbenennung in Virona); 2007: Euroafrica Shipping, Polen (Umbenennung in Kopernik)
Rauminhalt:	6111 BRT/1680 NRT
Länge, Breite, Tiefgang:	158,35/22,63/5,80 m
Antrieb:	Dieselmotor 2 X MAN (8L46/54); 2 X MAN (6L46/54) 17501 PS
Geschwindigkeit:	20,50 Knoten
Einsatzradius:	Fährschiff Ostsee

tän und der Dritte Nautische Offizier auf dem Radar in etwa einer Seemeile Entfernung zwei Leuchtpunkte, die sich auf Parallelkursen zur Rostock befanden. Es handelte sich um die Fischkutter Möwe SAS 32 und Sturmvogel SAS 33. Man ging von einem ungefähren Passierabstand von einer halben Seemeile auf der Backbordseite aus. Gegen 6.02 Uhr reduzierte das Fährschiff die Geschwindigkeit auf 12 bis 14 Knoten, auch um ein Abfallen nach Backbord zu verhindern. Gleichzeitig bemerkte der Kapitän eine Kursänderung der beiden Kutter. Die Sturmvogel lief nun nahezu rechtwinklig zum Kurs der Fähre, woraufhin der Kapitän des Fährschiffes das »Zurück-Voll-Manöver« einleitete und dies mit drei kurzen Tönen über das Typhon anzeigte. Jedoch machte die Rostock immer noch so viel Fahrt, dass es den Kutter mit dem Vordersteven an der Steuerbordseite um 6.06 Uhr schwer traf. Dieser nahm sofort Wasser und versank über das Achterschiff. Der Kutter Möwe konnte dagegen vor der Fähre abdrehen und entging so einer Kollision. Als die Besatzung der Fähre Hilferufe hörte, setzte man umgehend ein Boot aus. Eine Viertelstunde nach dem Zusammenstoß konnten zwei Matrosen aus dem kalten Wasser gerettet, Kapitän und Maschinist des Kutters trotz sofortiger intensiver Suche aber nicht mehr gefunden werden. Die Seekammer stellte bei ihren Untersuchungen eine Pflichtverletzung beider Kapitäne fest, die trotz der gefährlichen Situation zu spät die Geschwindigkeit reduziert und eine Kursänderung nicht nach den bestehenden Regeln vorgenommen hatten. Bereits am 3. November 1984 untersuchten Kampfschwimmer der Volksmarine das Wrack. Der Schiffskörper des auf der Backbordseite liegenden Kutters war unterhalb des völlig zerstörten Ruderhauses eingedrückt. Ebenfalls wurden eine Kerbe in Kiel und der umgebrochene Mast dokumentiert.

Im August 2013 wurde sein Zustand durch die Forschungstaucher des Vereins archaeomare e.V. dokumentiert. Der vor fast 30 Jahren gesunkene Kutter befand sich noch in einem sehr guten Zustand. Das in fast 17 Metern Tiefe liegende Wrack war teilweise mit Netzen behangen, der Rumpf mit dem Deck gut erhalten. Auch der Stumpf des umgebrochenen Mastes, die Netzwinde sowie die Ladewinde mit der Ladeluke waren zu erkennen. Das fehlende Ruderhaus gab den Blick in den Maschinenraum frei. Auch das stabile Ruder am Achterschiff war noch gut auszumachen, im Gegensatz zum Schiffspropeller, der bereits in früherer Zeit geborgen worden war.

Doch es gibt auch mysteriöse Unfälle auf See, die bis heute nicht aufgeklärt wurden oder bei denen versucht wurde, die wahren Umstände der Havarie zu vertuschen. Der Untergang des Sassnitzer Fischkutters Beluga am 18. März 1999 sorgte für viele Spekulationen; die Havariegründe sind bis zum heutigen Tage nicht bekannt.

Der Kutter verließ am 17. März 1999 um 23.20 Uhr den Sassnitzer Hafen mit Kurs auf Nexö/Bornholm. An Bord befanden sich neben dem Kapitän Frank Schneider, sein Maschinist Hartmut Gleixner und der Auszubildende Martin Senfft. Auf der Ostsee herrschten mit einer Windstärke von 3 bis 4 Beaufort und leicht bewegter See optimale Bedingungen. In Nexö wurde die Beluga für den 18. März gegen 8 Uhr erwartet. Als das Schiff um 10 Uhr immer noch nicht eingetroffen war, informierten die dänischen Kollegen die Genossenschaft der Sassnitzer Seefischer per Telefon. Die Besatzung war auch nicht über Funk und ihre Mobiltelefone erreichbar. Um 15.15 Uhr sichtete ein Aufklärungsflugzeug der Deutschen Marine im Bereich des Adlergrundes einen Ölteppich. Ein Ölüberwachungsflugzeug untersuchte diese Verschmutzung. Die SAR-Leitstelle (Search and Rescue) der Deutschen Marine gab daraufhin die Meldung an das Maritime Rescue Coordination Center (MRCC) in Bremen weiter. Von dort wurden der Rettungskreuzer Arkona und die Neustrelitz, ein Schiff des Bundesgrenzschutzes, zur Unglücksstelle entsandt. Die Arkona konnte ein mit dem Bug nach oben treibendes Wrack – die Beluga – sowie das leere Rettungsfloß des Kutters lokalisieren, jedoch keine Überlebenden Ihre Leichen wurden teilweise erst Monate später geborgen.

Das Schiff wurde am 18. März und an den darauffolgenden Tagen mehrfach durch Taucher untersucht. Das an Bord befindliche Schiffschronometer war um 3.00 Uhr stehen geblieben. Vermutlich ereignete sich am 18. März um diese Zeit der Untergang. Mit dem Schwimmkran Thor wurde der Kutter in der Nacht vom 31. März zum 1. April 1999 gehoben und zur weiteren Untersuchung in den Sassnitzer Hafen transportiert, wo festgestellt wurde, dass eine Luke zur Eingabe der Fische, die üblicherweise durch einen Mannlochdeckel verschlossen ist, offen war und die Hebelstellung zur Bedienung der Maschinen für die Back- und Steuerbordmaschine auf unterschiedlichen Stellungen stand. Einmal auf »Volle Fahrt voraus« und einmal auf »Stopp«. Der Kran des Kutters war aus seiner Ruhestellung herausgedreht worden, die Hydraulikschläuche gerissen und die Hydraulikpumpe fehlte. Ebenfalls wies der Ausleger des Krans Schleifspuren auf.

Die Ergebnisse der Untersuchungen wurden durch das Seeamt Rostock verhandelt, dass am 28. Oktober 1999 seinen Spruch abgab: *Am 18.03.1999 gegen 03.00 Uhr sank der FK »Beluga« bei SSW-*

lichem Wind der Stärke 3 bis 4 bft auf der Reise von Sassnitz nach Nexö/Bornholm S-lich des Adlergrundes. Der Kapitän und die beiden Besatzungsmitglieder ertranken. Der Unfall ist mit hoher Wahrscheinlichkeit darauf zurückzuführen, daß
– infolge eines sehr geringen Freibords Wasser über die beiden geöffneten achteren Bodenspeigatten eindrang,
– dieses über die offene Fischeingabeluke in den Fischladeraum und von dort verzögert in den Maschinenraum einlief und
– zum Verlust der Reststabilität führte.

Der beteiligte Aufsichtsbeamte der See-BG hat sich fehlerhaft verhalten, da er die Auflage der See-BG, die Bodenspeigatte alle dauerhaft zu verschließen, nicht ordnungsgemäß überprüft hat. Dies war ursächlich.

Kutter	**Beluga** (SAS104)
Herkunftsland:	Deutschland
Werft:	Polen und Werft Mariehamn/Finnland
Heimathafen:	Sassnitz
Eigner/Kapitän:	Frank Schneider
Besatzung:	3 Mann
Stapellauf/ Indienststellung:	1987
Verbleib:	Am 18. März 1999 vor Rügen gesunken; geborgen; weiterverkauft.
Rauminhalt:	85 BRT
Länge, Breite, Tiefgang:	17,58/5,81/23,10 m
Antrieb:	298 PS
Geschwindigkeit:	8 Knoten
Einsatzradius:	Küstenfischerei

Der Spruch löste bei den Angehörigen und vielen Sassnitzer Fischern Zweifel aus. Wie konnte bei den guten Wetterverhältnissen so viel Wasser in das Schiff eindringen, ohne dass es durch die Besatzung bemerkt wurde? Der Kapitän und der Maschinist galten als versierte Seeleute. Ebenfalls wurde die Vermutung geäußert, dass der Mannlochdeckel des Fischladeraums beim Untergang verloren gegangen war. Die Beschädigungen am Kran des Kutters gaben Anlass für weitere Deutungen. Von offizieller Seite wurde behauptet, dass die Schäden beim Bergen des Wracks durch eine Ankerkette verursacht worden waren; unabhängige Gutachten dagegen bescheinigten Schleifspuren durch eine Stahltrosse.

Zur Zeit des Untergangs fand auf der Ostsee das NATO-Manöver »Jaguar« statt, bei dem u. a. am 17. März geschleppte Seeziele beschossen wurden. Nach Auskunft des Bundesministeriums für Verteidigung dauerte das Schießen auf Seeziele von 10.30 bis 14 Uhr, auf Luftziele von 14 bis 18 Uhr an. Die beteiligten Verbände zogen sich dann in die westliche Ostsee zurück. Fischer, die zu dieser Zeit in dem Seegebiet unterwegs waren, hörten jedoch noch um 19.30 Uhr Geschützdonner.

Später stellte sich heraus, dass die Aufzeichnungen der Radarstation NAVDISBORN auf Bornholm über Schiffsbewegungen in dem Unglücksgebiet gelöscht worden waren. Auch waren Unterlagen der Deutschen Marine für den Unfallzeitpunkt nicht mehr verfügbar. Ein Zusammenhang mit dem Manöver wurde durch die Recherche der beiden Journalisten Lutz Riemann und Michael Schmidt vermutet.

Im August 2005 stießen die Unterwasserarchäologen bei ihrer jährlichen Expedition mit dem Forschungskutter Seefuchs auf ein weiteres rätselhaftes Wrack an der Ostküste von Rügen auf der Höhe von Mönchgut. Fischer hatten hier, auf dem sonst reinen Grund, einen Netzhaker gemeldet. Es konnte ein stark zerstörtes Wrack mit einer Motorenanlage lokalisiert werden. Die Forschungstaucher untersuchten es für eine Datierung genauer. Nach der Beschreibung der Zerstörungen war davon auszugehen, dass es sich um ein älteres Fahrzeug handeln könnte. Bei ihrem Abstieg zum Wrack stellten die Taucher auch fest, dass die hölzerne Rumpfschale des Wracks im Bereich der Kiellinie in zwei Teile auseinandergebrochen war. Eines stand jedoch schnell fest: Die Schiffsreste gehörten zu keinem Fahrzeug, dass hier Jahrzehnte am Meeresgrund lag!

Kutter	**Hansa** (ex Brigitte, ex Simone, ex Madeleine III, ex Hansa I)
Unterscheidungssignal:	DJTG
Herkunftsland:	Deutschland
Werft:	Bauwerft Franz Götz, Rügenwalde
Heimathafen:	1941: Kolberg; 1950: Eckernförde; 1980: Schleswig; 1990: Hamburg; 1997: Breege; 1999: Wiek
Eigner:	Karsten Witzke, Sassnitz
Besatzung:	2–3 Mann
Gebaut:	1941
Umbauten:	1941 gebaut als Schraubenmotorschiff mit 2 Masten, kuttergetakelt;
Stapellauf:	Mai 1941
Indienststellung:	1941
Verbleib:	Am 31. Juli 2006 bei Windstärke 6 bei der Überführung von Wiek nach Sassnitz im Libben gesunken.
Rauminhalt:	29,44 BRT/9,70 NRT
Länge, Breite, Tiefgang:	15,36 (1997 verkürzt auf 14,90 m)/5,43/2 m
Antrieb:	Dieselmotor 152,32 PS
Einsatzradius:	Ostsee

Zwischen den Wrackteilen konnte eine neue und sehr gut erhaltene Schiffsmaschine vom Typ Volvo Penta gefunden werden, deren hellgrüner Anstrich kaum beschädigt war. Ebenfalls in der Nähe der Maschine befand sich ein Tank aus Edelstahl.

Der Kutter Hansa im Hafen von Kuhle, 2. Mai 2002

Der hölzerne Schiffskörper war teilweise mit GFK laminiert und hatte im Bereich der Schanz einen Handlauf aus Nirosta. Farbspuren deuteten darauf hin, dass das Fahrzeug ursprünglich einen weißen Anstrich besessen hatte. Die Größe der Schiffsteile deutete auf einen Kutter von 14 bis 17 Metern hin. Das Fehlen einer Netzwinde und von für die Fischerei üblichen Ausrüstungsteilen waren Belege dafür, dass das Schiff möglicherweise als Sportboot genutzt worden war. Ein im Wrack gefundenes Batterieladegerät war in Deutschland produziert worden und stellte einen Hinweis auf die mögliche Herkunft des Kutters dar. Das eingestanzte Herstellungsdatum der Lichtmaschine zeigte *1999*. Zwischen diesem Datum und der Entdeckung des Wracks im Jahr 2002 lagen drei Jahre; sein Zustand zeigte, dass es entweder durch ein großes Schiff überlaufen oder gesprengt worden war.

Der Fund wurde umgehend der Wasserpolizeiinspektion in Sassnitz mitgeteilt, die entsprechende Ermittlungen anstellte. Auf Nachfrage erhielten die Unterwasserarchäologen die Mitteilung,

▲ *Wrack des Fischkutters Hansa, der 2006 westlich Rügen versank.*

dass für die Zeit zwischen 1999 und 2000 kein Schiffsuntergang in dem betreffenden Seegebiet registriert und auch kein Fahrzeug mit dieser Beschreibung vermisst wurde. Das Rätsel um diesen Kutter konnte auch in den darauffolgenden Jahren nicht aufgeklärt werden.

Es fällt auf, dass ursprünglich sehr seetüchtige Kutter häufig im Hafen und bei Überführungen auf glatter See sinken. Ein im Einsatz befindlicher Kutter wird durch seinen Besitzer regelmäßig gewartet und in Werften inspiziert. Beim Einsatz auf See wird das Deck durch die See überspült und nach dem Fang gereinigt, sodass diese Kutter »kein Moos ansetzen« können. Anders ist es jedoch bei den im Hafen liegenden Holzbooten. Die Sonne trocknet meist eine Seite der Bordwand aus, sodass die zwischen den Planken befindliche Dichtung, die Kalfaterung, undicht wird oder sogar herausfällt.

Wird der Kutter etwas schwerer beladen, geraten diese Stellen unter Wasser, das ungehindert in das Schiff eindringen kann. Das Gleiche passiert auch, wenn ein Kutter nach längerer Hafenliegezeit fährt oder auf See geschleppt wird. Allein im Stralsunder Hafen sanken seit 2009 drei Verkaufskutter. Dieses Schicksal ereilte auch den Angelkutter Hansa, der 2006 von Wiek nach Sassnitz überführt werde sollte, und zwischen Rügen und Hiddensee sank.

Ebenso erging es dem 17-Meter-Kutter Sophie Scholl, der als schwimmendes Ferienquartier im Hafen von Glowe genutzt wurde und am 21. April 2010 zur Revision nach Sassnitz geschleppt werden sollte. Der Kutter hatte bereits eine wechselvolle Geschichte hinter sich. Gebaut auf der VEB Boddenwerft in Damgarten, diente er in Sassnitz als SAS 155 viele Jahre als Ausbildungsschiff des dort ansässigen Fischereikombinates.

In den 1950er-Jahren wurde er dann an die Fischereiproduktionsgenossenschaft Sassnitz verkauft und erhielt dort die Kennung SAS 60. Nach der Friedlichen Revolution 1989/90 erwarben Privatleute den Kutter. Über den Verein »Unternehmen Sassnitz« kehrte es später wieder zurück, jedoch scheiterte der geplante Umbau zum einem Jugendbegegnungsschiff an den hohen Kosten. Das Schiff lag nun einige Zeit ungenutzt im Hafen und wurde schließlich im Jahre 2007 nach Glowe im Nordosten Rügens verbracht, wo er einige Jahre als Ferienquartier diente.

Am 21. April 2010 ließ man den Kutter durch den Schlepper Petersdorf in Richtung Sassnitz zur Instandsetzung überführen. An Bord befanden sich an diesem Tag vier Mann Besatzung. In Sichtweite des Königsstuhls war auf dem Kutter plötzlich ein starker Wassereinbruch zu beobachten. Die an Bord befindlichen Männer machten noch einige Bilder, bevor sie sich auf dem Schlepper in Sicherheit bringen konnten. Die Sophie Scholl sank innerhalb weniger Minuten auf eine Tiefe von 13 Metern.

Kutter	**Sophie Scholl SAS60** (ex STR242, SAS155)
Unterscheidungssignal:	Y4LL
Herkunftsland:	Deutsche Demokratische Republik
Werft:	VEB Boddenwerft Damgarten, Baunummer FK56
Heimathafen:	Sassnitz
Eigner:	Sören Klube
Kapitän:	Ludwig Klube
Besatzung:	3–4 Mann
Gebaut:	1949/1950
Stapellauf:	3.3.1950
Indienststellung:	6.5.1950
Verbleib:	Am 21.4.2010 bei der Überführung von Glowe nach Sassnitz gesunken.
Rauminhalt:	42 BRZ
Länge, Breite, Tiefgang:	17,80/5,60/2,17 m
Antrieb:	1 Motor, Typ SKL, 140 PS (1953 eingebaut)
Geschwindigkeit:	8 Knoten
Einsatzradius:	Fischerei Ostsee, 90 sm

Nur wenige Tage später untersuchte Wolfgang Frank von der Tauchbasis in Prora das Wrack. Der Kutter lag auf fast ebenem Kiel und wies keinerlei Beschädigungen auf. Da kein Leck auszumachen war, kann von Undichtigkeiten der Kalfaterung in den Plankennähten ausgegangen werden. Es ist als grobe Fahrlässigkeit zu werten, dass das Unternehmen, das mit der Überführung beauftragt war, keine entsprechenden Pumpen an Bord installierte, um eindringendes Wasser zu lenzen. Frank ging davon aus, dass das gut erhaltene Wrack relativ schnell und problemlos gehoben werden könne. Allerdings wurde eine mögliche Bergung durch einen stärkeren Sturm verhindert.

In Absprache mit dem Eigner und mit dem Wasser- und Schifffahrtsamt übernahmen die Forschungstaucher vom Verein archaeomare e.V. eine weitere Besichtigung des Wracks und konnten bei ihrem Tauchgang am 21. Mai 2010 folgende Feststellungen machen: *Die Schiffsreste liegen annähernd in Nord-Süd-Richtung. Das gesamte Wrack ist seit dem Untergang sehr stark zerstört. Die Steuerbord- und Backbordseite sind über die Steven und am Kiel in zwei große Wrackteile zerbrochen. Vom Schiffsdeck existieren nur noch geringe Reste an den beiden Bordwandseiten. Der Mast ist komplett aus seiner Verankerung gerissen und liegt plan am Grund. Das Ruderhaus ist ebenfalls aus dem Schiff gerissen und liegt umgekippt neben dem Wrack auf seiner Eingangstür. Sämtliche Verbände der noch erhaltenen Bordwände sind stark destabilisiert. Zahlreiche Bolzen sind gebrochen bzw. aus ihrer ursprünglichen Lage herausgezogen. Im Wrack konnten insgesamt fünf Tanks (Dieselkraftstoff, Wasser, Schwarzwasser) festgestellt werden, von denen drei Tanks komplett aus der Verankerung gerissen wurden. Die Rohranschlüsse sind größ-*

Der 17-Meter-Kutter SAS155 Sophie Scholl im Hafen von Glowe.

Der Schlepper PETERSDORF *beim Verholen der* SOPHIE SCHOLL *kurz vor deren Untergang.*

Eines der letzten Bilder der SOPHIE SCHOLL während des Unterganges.

^ *Das vor dem Königstuhl liegende Wrack zerfiel innerhalb kurzer Zeit.*

tenteils gebrochen. Die Tanks sind als unbeschädigte Behälter ohne Risse zu erkennen. Die Maschine ist frei zugänglich und noch teilweise mit den Bodenwrangen der Rumpfschale verbunden. Sowohl aus den Tanks als auch der Maschine war kein Ölaustritt zu beobachten. Im Umfeld des Wracks konnten diverse Ausrüstungs- und Bauteile entdeckt werden, die bis 50 m vom Wrack in Richtung Ufer vertrieben waren. Es handelte sich um Teile der Schanz, Feuerlöscher und andere Kleinteile. Über den hoch aufragenden Teilen der SOPHIE SCHOLL *konnten mit einem Präzisionstiefenmesser folgende Tiefen gemessen werden: Tiefe über Steuerhaus: 10,30 m; Tiefe Schanz Backbordseite Mitte: 10,50 m.*

Die Taucher hielten es kaum für möglich, dass der Sturm das Wrack in 13 Metern Tiefe hatte so zerstören können. Eine komplette Bergung schien ausgeschlossen, jedoch bedeuteten die noch zum Teil gefüllten Tanks eine Bedrohung für die Unterwasserfauna und -flora des nahe gelegenen Nationalparks. In Abstimmung zwischen dem Wasser- und Schifffahrtsamt und dem Eigner übernahmen die erfahrenen Unterwasserarchäologen und Bergungstaucher des Vereins archaeomare e.V. die Hebung der Tanks und anderer Schadstoffe. Die Forscher suchten das Wrack auch in den folgenden Jahren auf, um den zunehmenden Verfall des Schiffes und dessen Besiedlung als künstliches Riff zu dokumentieren.

Unterwasserarchäologen und Historikern leisteten in den vergangenen beiden Jahrzehnten eine oft ehrenamtliche Forschungsarbeit, die half die Schicksale vieler vor Rügen gesunkener Schiffe aufzudecken. Die Wracks sind dabei wichtige Zeugnisse der langen maritimen Kultur der Ostseeregion. Die entdeckten und hier beschriebenen Fundstellen dürften nur einen Bruchteil, der vor Rügen havarierten und noch erhaltenen Schiffswracks darstellen. Der Erforschung und dem Schutz dieser wichtigen Hinterlassenschaften unserer Geschichte ist künftig mehr staatliche Unterstützung zu wünschen.

Literatur

Eberhard Bundtzen: Wir tauchten in Ostsee und Schwarzem Meer. Wittenberg 1975.

Friedrich Elchlepp, Manfred Kretzschmar: Auf Kollisionskurs – Die Verhandlungen der DDR-Seekammer. Rostock 2000.

Friedrich Elchlepp, Manfred Kretzschmar: Katastrophen auf See. Die Seeunfälle der zivilen DDR-Schiffahrt. Rostock 2002

Thomas Förster: Schiffe der Hanse. Rostock 2009.

Thomas Förster: Große Handelsschiffe des Spätmittelalters – Untersuchungen an zwei Wrackfunden des 14. Jahrhunderts vor der Insel Hiddensee und der Insel Poel. Bremerhaven 2009.

Hans-Albert van der Heyden: Vorpommersche Schifffahrts-Geschichten. Neubrandenburg 2005.

Herbert Karting: Der Bau hölzerner Schoner nach 1870 an der Deutschen Ostseeküste von Pommern bis Ostpreußen. Bremen 2004.

Wulf Krentzien: Position südliche Ostsee. Schiffsreisen, Havarien, Kuriositäten 1650-1990. Erfurt 2011.

Johannes Lachs, Theodor Zollmann: Gegen Sturm und Brandung. Rostock 1989.

Günter Lanitzki: Versunken in der Ostsee. Schiffe und Schätze auf dem Meeresgrund. Herford 1993.

Reinhard Öser: Auf dem Grund des Meeres. Berlin 2016.

Christian Ostersehlte: Die Deutsche Gesellschaft zur Rettung Schiffbrüchiger. Bremerhaven 1990.

Gerhard Parchow, Uwe Kankel: Seedorf Heimat Hafen. Geschichte und Geschichten aus der Blütezeit eines Seefahrer und Fischerdorfes. Putbus 2010.

Heinrich Rahden: Die Schiffe der Rostocker Handelsflotte. Hamburg 1993.

Wolfgang Rudolph: Die Insel der Schiffer. Photomechanischer Nachdruck der Ausgabe von 1962. Rostock 2000.

Renate Schaarschuh: Schiffskatastrophen an den Küsten von Rügen und Hiddensee (1760–1846), In: Rügenjahrbuch 1980. Putbus 1979.

Michael Schmidt, Lutz Riemann: Der Untergang der BELUGA. Ein Report zum Untergang des Sassnitzer Fischkutters auf der Ostsee am 18. März 1999. Berlin 2001.

Maik-Jens Springmann: Fundort Ostsee. Eine maritim-archäologische Zeitreise entlang der deutschen Ostseeküste. Rostock 2000.

Hans Wirz: Seenot, Opfer, Siege. Bremen 1965.

Bildnachweis

Cover: J. Scherf, Sagard (Sammlung G. Parchow, Sellin)

Rückcover: Jens Pohland, Stuttgart

abbilder (flickr.com, Lizenz: CC BY-LA 2.0): S. 44; K. Andrews, Eckernförde: S. 14, 20, 33 r., 40 l.o., l.u., 49, 51; A. Bartel, Sassnitz: S. 92 o.; F.J. Bertuch: Bilderbuch für Kinder, 12 Bde., Weimar 1792–1830: S. 15; O. Braasch, Landshut: S. 21, 30 o., 38 l.; Bundesamt f. Seeschifffahrt u. Hydrographie, Rostock: S. 138; K. Ebbinghaus, Sammlung Heimatmuseum Kloster: S. 61, 63; L. Eich/J. Wend: Schiffe auf druckgraphischen Blättern. Ausgewählte Meisterwerke des 15. bis 17. Jahrhunderts, Rostock 1985: S. 33 l.; H. Förster, Dranske: S. 102 l., r.; D. Greinert, Berlin: S. 49 o.; Sammlung Fischereimuseum, Neuendorf: S. 9; K. Hamann, Berlin: S. 18; Heimatmuseum Hiddensee: S. 46 r.; V. Herre, Stralsund: S. 29; J. Klube, Stralsund: S. 139; S. Klube, Stralsund: S. 140/141; Klugschnacker (wikimedia commons, Lizenz CC BY-SA 3.0): S. 46 l.; Krupp-Atlas, Bremen: S. 116 l.; »Meister WA«: S. 33; S. Möhrmann, Loffenau: S. 137; Sammlung P. Müller, Lohme: S. 6, 93; I. Nordenholz, Bremen: S. 121, 122; R. Obst, Mühlhausen: S. 19, 39, 107 u.r., 108; Sammlung G. Parchow, Sellin: S. 26, 27 o., 57-59, 91, 92 u., 109, 111; J. Pohland, Stuttgart: S. 55; Polish Press Agency/Jerzy Undro: S. 131; Archiv W. Rudolph: S. 36, 107 o.l., 128, 129; J. Scherf, Sagard (Sammlung G. Parchow, Sellin): S. 91; Sammlung Schiffer-Compagnie Stralsund: S. 67; Schiffahrtsmuseum Rostock: S. 80; J. M. Schlorke: S. 2, 85; Stadtarchiv Stralsund: S. 16; Underwater Research Center of the Russian Geographical Society: S. 50 u.; M. Wagner, Schwerin: S. 30 u.; Mateusz War (wikimedia commons): S. 133 u.; Archiv Wasser- und Schifffahrtsamt Stralsund: S. 64, 126, 127; H.-J. Weiß: S. 52; W. Wichmann, Hamburg: S. 22, 112, 116 r., 117 l., r., 125; Sammlung E. Wirth, Rostock: S. 73.

Alle weiteren Abbildungen befinden sich in der Sammlung des Autors.

Liebe Leserin, lieber Leser, wie hat Ihnen die Lektüre gefallen? Wir freuen uns über Ihre Bewertung im Internet!

Die Deutsche Nationalbibliothek verzeichnet diese Publikation in der Deutschen Nationalbibliografie; detaillierte bibliografische Daten sind im Internet über http://dnb.ddb.de abrufbar.

Lagerstraße 7 / 18055 Rostock
www.hinstorff.de

1. Auflage 2016
Herstellung: Hinstorff Verlag GmbH
Lektorat: Henry Gidom
Druck und Bindung: Westermann Druck Zwickau
Printed in Germany
ISBN 978-3-356-02061-8